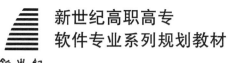

新世纪高职高专
软件专业系列规划教材

实用软件测试技术

新世纪高职高专教材编审委员会 组编

主　编　郭清菊　曹起武

副主编　符　石　何　苗

U0244312

大连理工大学出版社

图书在版编目(CIP)数据

实用软件测试技术 / 郭清菊,曹起武主编. -- 大连:
大连理工大学出版社,2018.2(2021.12 重印)
新世纪高职高专软件专业系列规划教材
ISBN 978-7-5685-1352-4

Ⅰ. ①实… Ⅱ. ①郭… ②曹… Ⅲ. ①软件－测试－
高等职业教育－教材 Ⅳ. ①TP311.55

中国版本图书馆 CIP 数据核字(2018)第 028192 号

大连理工大学出版社出版
地址:大连市软件园路 80 号 邮政编码:116023
发行:0411-84708842 邮购:0411-84708943 传真:0411-84701466
E-mail:dutp@dutp.cn URL:http://dutp.dlut.edu.cn
大连雪莲彩印有限公司印刷 大连理工大学出版社发行

| 幅面尺寸:185mm×260mm | 印张:12.5 字数:289 千字 |
| 2018 年 2 月第 1 版 | 2021 年 12 月第 4 次印刷 |

责任编辑:高智银　　　　　　　　　　责任校对:李　红
　　　　　　　封面设计:张　莹

ISBN 978-7-5685-1352-4　　　　　　　定　价:33.00 元

前 言

　　《实用软件测试技术》是新世纪高职高专教材编审委员会组编的软件专业系列规划教材之一。

　　软件测试是软件工程生命周期中一个非常重要的环节,通过严格、规范的测试流程,有效地实施软件测试,及时发现软件的错误和缺陷,是有效提高软件质量和改进软件过程的首要任务。软件测试技术既是软件技术发展过程中专家和学者研究的重要方向,也是软件开发机构和软件应用者迫切关心的问题。

　　本教材共分为三个部分,全面地介绍了软件测试技术的测试理论、测试标准、测试技术和实用工具等内容,并展望了软件测试的发展趋势。第一部分包括软件测试概述、软件测试技术;第二部分包括测试用例设计、软件测试管理、面向对象软件测试和基于 Web 的测试;第三部分为软件测试工具实践,主要介绍了自动化测试工具的使用及相关技术。

　　本教材不像传统的软件测试教科书那样重点介绍艰深、枯燥的测试理论,而是结合软件测试这个职业的工作特点,重能力培养,可读性强,实用性高,是一本适合高职高专计算机软件技术专业、体现职业教育特色的软件测试教材或参考书。

　　本教材由海南软件职业技术学院郭清菊、辽宁机电职业技术学院曹起武任主编,海南软件职业技术学院符石、陕西工业职业技术学院何苗任副主编。具体编写分工如下:第 1、2 章和附录由郭清菊编写,第 3、4 章由曹起武编写,第 5、6 章由符石编写,第 7 章由何苗编写,郭清菊负责拟定大纲和统稿工作。

新世纪

　　本教材面向的主要对象是高职高专计算机专业或软件技术专业的学生,可作为其软件测试课程的教材或教学参考书,也可以为有意从事或即将从事软件测试的人员提供直接的帮助和指导。

　　在编写本教材的过程中,编者参考、引用和改编了国内外出版物中的相关资料以及网络资源,在此表示深深的谢意! 相关著作权人看到本教材后,请与出版社联系,出版社将按照相关法律的规定支付稿酬。

　　由于时间仓促和编者水平有限,书中难免存在疏漏之处,敬请广大读者批评指正。

编　者

2018 年 2 月

所有意见和建议请发往:dutpgz@163.com

欢迎访问职教数字化服务平台:http://sve.dutpbook.com

联系电话:0411-84706671　84707492

目　　录

第 1 章

软件测试概述

什么是软件测试？为什么要做软件测试？本章试图从软件工程和软件生命周期的角度去解释软件测试的基本概念、软件测试的目的和意义以及对于软件开发和质量保证的重要性，为学习和掌握软件测试技术做好准备。

主要内容

- 软件测试基础
- 软件测试发展史和发展前景
- 软件测试行业标准
- 软件测试人员的基本素质和需具备的思维方式

能力要求

- 能够描述软件测试的基本概念
- 能够描述软件测试在软件开发各个阶段的关系
- 能够描述软件质量管理的定义

1.1 软件测试基础

在最早的工业制造和生产中，测试是被定义为"检验产品是否满足预定需求"的生产过程，而软件测试是伴随着软件的产生而产生的，一为验证软件的功能，二为发现软件存在的缺陷，以尽量减少软件中的错误和不足。随着软件产业的日益发展和软件工程的日益规范化，测试已成为最有效的消除和预防软件缺陷和软件故障的手段。

1.1.1 软件、软件工程、软件生命周期的基本概念

1. 软件

软件(Software)是一系列按照特定顺序组织的计算机数据和指令的集合。一般分为系统软件、应用软件和介于这两者之间的中间件。其中系统软件为计算机使用提供最基本的功能，但是并不针对某一特定应用领域。而应用软件则恰好相反，不同的应用软件根据用户和所服务的领域提供不同的功能。

（1）系统软件

系统软件主要是负责管理计算机系统中各种独立的硬件，使得它们可以协调工作。它让使用计算机的用户将其和其他软件当作计算机的一个整体而不需要考虑底层每个硬件是如何工作的。一般来讲，系统软件包括操作系统和一系列基本的工具（比如编译器、数据库管理、存储器格式化、文件系统管理、用户身份验证、驱动管理、网络连接等方面的工具）。

（2）应用软件

为了某种特定的用途而开发的软件称为应用软件。它可以是一个特定的程序，比如一个图像浏览器；也可以是一组功能联系紧密、可以互相协作的程序的集合，比如微软的Office 软件；当然也可以是一个由众多独立程序组成的庞大的软件系统，比如数据库管理系统、信息管理系统软件等。较常见的有：文字处理软件，如 WPS、Word 等；数据库管理系统，如 Access 数据库、SQL Server 数据库等；计算机辅助设计软件，如 AutoCAD、Photoshop 等；实时控制软件、教育与娱乐软件等。

（3）介于两者之间的中间件

介于系统软件和应用软件之间的一类软件，位于操作系统和应用软件之间的一个软件层，向各种应用软件提供服务，使不同的应用进程能在屏蔽掉平台差异的情况下，通过网络互通信息。中间件的组成结构：执行环境软件和应用开发工具。其作用是使用系统软件所提供的基础服务（功能），衔接网络上应用系统的各个部分或不同的应用，能够达到资源共享、功能共享的目的。

（4）在通常情况下，软件应包含如下内容：

①可以在计算机上运行的程序集合。

②程序能够妥善处理信息的数据结构。

③与这些程序相关的文档集合。

2. 软件工程

从 20 世界 50 年代初至今，软件的发展大致经历了四个阶段。软件工程这个概念是 1968 年在联邦德国召开北大西洋公约组织的计算机科学家国际会议上讨论"软件危机"问题时正式被使用的，标志着软件工程的诞生。伴随着软件产业的发展以及在学术界的推动下，目前，软件工程已经发展成为一门专业的学科了。

在《计算机科学技术百科全书》中这样定义：软件工程是应用计算机科学、数学、逻辑学及管理科学等原理，开发软件的工程。软件工程借鉴传统工程的原则、方法，以提高质量、降低成本和改进算法。其中，计算机科学、数学用于构建模型与算法，工程科学用于制定规范、设计范型（Paradigm）、评估成本及确定权衡，管理科学用于计划、资源、质量、成本等管理。

IEEE（电气和电子工程师协会，全称是 Institute of Electrical and Electronics Engineers）在软件工程术语汇编中这样定义：软件工程是将系统化的、严格约束的、可量化的方法应用于软件的开发、运行和维护，即将工程化应用于软件并在上述方法上进行的研究。

目前比较认可的一种定义认为：软件工程是研究和应用如何以系统性的、规范化的、可定量的过程化方法去开发和维护软件，以及如何把经过时间考验而证明正确的管理技术和当前能够得到的最好的技术方法结合起来,得到软件生命周期的六个步骤:制订计划、需求分析、设计、编码、测试和运行维护。

3.软件生命周期

软件生命周期(Software Life Cycle,SLC),也叫软件生存期,是软件从孕育、诞生、成长、成熟到衰亡的一个过程。如同任何事物一样,我们将这一思想融入软件生产的活动过程中,就可以得到软件生命周期的六个步骤:制订计划、需求分析、设计、编码、测试以及运行维护。这个过程是一个自顶向下逐步细化的过程,其中测试是保证软件质量的重要手段。测试的过程恰恰是一个相反的过程,是一个自底向上逐步集成的过程,低一级的测试为上一级的测试准备条件。

像其他工程项目中安排各道工序那样,为了反映软件生命周期内各个活动是如何组织和衔接开展的,在软件工程中一般用软件生命周期模型来表示。根据不同的开发模式,模型的表示也不一样,常见的模型有:边做边改模型(Build-and-Fix Model)、瀑布模型(Waterfall Model)、快速原型模型(Rapid Prototype Model)、增量模型(Incremental Model)、螺旋模型(Spiral Model)、演化模型(Evolution Model)、喷泉模型(Fountain Model)、智能模型(四代技术,4GL)、混合模型(Hybrid Model)和快速应用开发模型(RAD)。每个模型各有优点和缺点,模型能清晰、直观地表达软件开发全过程,明确规定了要完成的主要活动和任务,对于不同的软件系统,可以采用不同的开发方法。

1.1.2　软件缺陷与软件可靠性

1.软件缺陷

随着信息技术的飞速发展,软件已经无处不在,这个由人编写的逻辑思维产物,已经深入渗透到我们的日常生活当中,尽管现在的软件开发者采取了一系列的保障措施,来不断提高软件开发的质量,但是仍然无法避免软件存在各种各样的缺陷,这些缺陷有时会带来严重损失,甚至是无法想象和承担的灾难。以下是几个著名的软件缺陷案例:

- 1994—1995 年,美国迪士尼公司的狮子王游戏软件缺陷。迪士尼公司在软件上市前没有对软件在不同类型的 PC 机上进行兼容性测试,软件无法正常运行,导致愤怒的客户投诉,给迪士尼公司的名誉带来了严重的损失,并且为修正软件缺陷付出了沉重的代价。

- 1999 年 12 月 3 日,美国航天局火星探测器缺陷。当天,火星极地登录号探测器试图在火星表面着陆时突然失踪。事故评估委员会(FRB)对事故进行了调查,认定出现故障的原因极可能是一个数据位被意外置位,这个本来应该在内部测试就被发现的问题着实让人警醒。结果是灾难性的,但是背后的原因却很简单。

- 2007 年 10 月 30 日上午 9 时,北京奥运会门票销售系统瘫痪。当天是票务方向境内公众预售的第二阶段,当时提出"先到先得、售完为止"的销售政策,使得公众纷纷抢在第一时间购票,导致票务官网压力剧增,系统承受了超出设计容量 8 倍的流量,导致瘫痪。为此北京奥组委票务中心对公众进行公开道歉,并宣布停售 5 天。此次事件是售票系统技术方没有很好地对系统进行 Web 压力测试,对网站在访问量过大时如何保证正常运行缺乏鲁棒性的测试和验证。

• 诺基亚 Series 40 手机平台存在缺陷。2008 年 8 月,诺基亚公司对外公开承认销售超过 1 亿部的 Series 40 手机平台存在严重缺陷,Series 40 平台主要用于诺基亚的低端手机,这个缺陷使黑客能在用户不知情的情况下安装和激活应用软件,这个严重的问题给大量用户带来了潜在的安全威胁。

以上案例告诉我们,软件缺陷在我们身边随处可见,并不同程度地危害软件产品,甚至给用户的使用带来不可预计的破坏性和灾难性。

(1)软件缺陷的定义

在软件工程或软件测试中,软件存在的问题,都可以称为软件缺陷或软件故障。作为一名测试人员,可能发现的缺陷很多情况下都没有上面所举的案例那么显明,但是其任务就是发现软件中所隐藏的错误,包括常常用到的以下几种术语:

异常(Anomaly)、事件(Incident)、偏差(Variance),主要是指未按预先设计运行,并不代表软件失败;而故障(Fault)、失败(Failure)、缺陷(Defect)则代表比较严重的情况,甚至危险的情况。那么,到底如何去辨别这些错误或缺陷,哪些是真正的错误,哪些不是?这是对测试人员的一个极大考验。

软件缺陷(Defect),也称为 Bug(漏洞),指计算机软件系统或者程序中存在的某种破坏正常运行能力的问题、错误,或者是隐藏的功能缺陷。缺陷会导致软件产品在某种程度上不能满足用户的需求。IEEE 729-1983 对软件缺陷有一个标准的定义:从产品内部看,缺陷是软件产品开发或维护过程中存在的错误、毛病等各种问题;从产品外部看,缺陷就是系统所需要实现的某种功能的失效或违背。

至少满足下列五种情况之一,才能称为发生了一个软件缺陷(Software Bug):

①软件未实现产品规格说明书要求的功能。

②软件出现了产品规格说明书中明确不会出现的错误。

③软件实现了产品规格说明书中没有提到的功能。

④软件未实现产品规格说明书中虽未明确提及但是应该实现的功能。

⑤软件难以理解、不易使用、运行缓慢或者让最终用户认为不好。

我们以计算器开发为例,分别解释以上五种情况,计算器的产品规格说明书应该说明该计算器能够准确进行加、减、乘、除运算。

若按下加法键,程序没有任何反应,就符合①所提到的缺陷;若运算结果出错,也属于①所述的缺陷。

产品规格说明书应要求程序不会死机、不会无响应,若出现这样的错误则属于第②种缺陷。

若计算器除了可以进行加、减、乘、除运算外,还可以进行开平方计算,但是产品规格说明书中却没有提及这个功能,这属于第③种缺陷,该计算器实现了产品说明书中未提及的功能。

若计算器在运算过程中,因为电池电量不足导致运算结果不准确,虽然产品规格说明书中未提及但是应该实现这个功能,属于第④种缺陷。

第⑤种缺陷是一种全方位的缺陷表现,若测试员在测试时发现按键布局不符合用户的使用习惯、屏幕对于光线不敏感等,都属于第⑤种缺陷。

（2）软件缺陷产生的原因

软件是由人开发的,在整个开发过程中,产生缺陷肯定是不可避免的,缺陷与软件产品的特点和开发过程都紧密相关。那么,造成软件缺陷的原因到底有哪些呢？我们将从软件自身、开发团队和技术问题以及项目管理等多个方面进行分析,归纳出造成软件缺陷的因素。

①软件自身因素

- 文档错误、内容不正确或拼写错误。
- 数据考虑不周全引起强度或负载问题。
- 对程序逻辑路径或数据范围的边界考虑不够周全,漏掉某些边界条件而造成的容量或边界错误。
- 对一些实时应用,没有做合理处理,无法保证时间的精确同步,造成不一致的问题。
- 没有考虑到系统崩溃后在系统备份、恢复等系统安全性、可靠性方面的处理问题。
- 硬件或系统软件上存在的错误。
- 新技术的采用,可能涉及技术或系统兼容的问题,实际没有考虑到。

②软件开发团队因素

- 系统需求分析时对客户需求理解不清楚,或者和用户沟通存在一定的困难。
- 不同开发阶段的开发人员之间的理解不一致,软件设计对需求分析的理解偏差,或者开发编程人员对系统设计说明书内容的理解偏差,相关人员的沟通不畅。
- 项目组成员技术水平差异较大,新员工培训不够等原因也容易引起问题。

③开发技术因素

- 算法错误:在给定条件下无法给出正确或准确的结果。
- 语法错误:针对解释性编程语言,只能在测试中才能发现错误。
- 计算和精度问题:计算结果未能满足所需要的精度要求。
- 系统结构不合理而导致的系统性能低下。
- 接口参数不匹配而导致模块集成时出现问题。

④项目管理因素

从软件项目管理的角度出发,项目缺乏规范的流程管理,对各个阶段把握不准确,对各个阶段评审存在随机性,以及对项目成本、项目风险估计不足等都是造成软件缺陷的原因。

（3）软件缺陷修复的费用

通过上述内容我们发现,软件缺陷不仅是编码问题,从制订计划、需求分析、设计、编码、测试到运行维护的整个过程中,都有可能出现软件缺陷。软件缺陷所带来的修复费用是随着时间的推移而呈指数级别递增的,如图 1-1 所示。也就是说,随着时间的推移,修复费用呈十倍、百倍、千倍甚至万倍的增长。

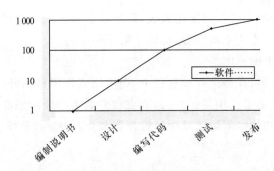

图 1-1　软件缺陷发现随时间推移，修复成本以惊人的速度增长

　　因此在讨论软件测试原则时，就一直强调测试人员要在软件开发早期，如需求分析阶段就介入测试。问题发现得越早越好，因为一开始，只是一个很小范围的错误，但是随着软件产品开发的深入，也许一个小小的错误就会发展为大错误，如果不能及早发现，就会造成越来越严重的后果，也就是说，缺陷发现或修复得越迟，成本也就越高。

2. 软件可靠性

　　目前软件系统规模越来越大，但是其可靠性却越来越难保证。在一些关键性应用领域，如航空、航天、银行对软件系统的可靠性要求尤为重要，但实际情况中，软件的可靠性要比硬件的可靠性更难保证。在很多实际的项目开发过程中，没有明确提出对软件可靠性的要求，开发管理者也往往注重在软件开发速度、系统功能和用户界面友好性上花费更多的精力，而一旦软件投入使用发现很多软件可靠性的问题，轻者增加了维护困难和额外的工作量，严重时只能放弃投入使用。

　　(1)软件可靠性的定义

　　软件可靠性(Software Reliability)是软件产品在规定的条件下和规定的时间区间完成规定功能的能力。规定的条件是指直接与软件运行相关的使用该软件的计算机系统的状态和软件的输入条件，或统称为软件运行时的外部输入条件；规定的时间区间是指软件的实际运行时间区间；规定功能是指为提供给定的服务，软件产品所必须具备的功能。软件可靠性不但与软件存在的缺陷和差错有关，而且与系统输入和系统使用有关。软件可靠性的概率度量称软件可靠度。

　　1983 年美国 IEEE 计算机学会对"软件可靠性"做出了明确定义，此后该定义被美国标准化研究所接受为国家标准，1989 年我国也接受该定义为国家标准。该定义包括两方面的含义：

　　①在规定的条件下，在规定的时间内，软件不引起系统失效的概率。

　　②在规定的时间周期内，在所述条件下程序执行所要求的功能的能力。

　　其中的概率是系统输入和系统使用的函数，也是软件中存在的故障的函数，系统输入将确定是否会遇到已存在的故障(如果故障存在的话)。

　　软件可靠性与硬件可靠性的区别在于：

　　• 硬件有老化损坏现象而软件没有，软件只有陈旧落后问题。

- 硬件的可靠性决定因素是时间,受设计、生产等多个过程的影响,而软件更多的是由人来决定的。
- 硬件的纠错维护可通过修复或更换时效的系统重新恢复功能,而软件则只能重新设计。
- 对于硬件可以采用预防性维护技术预防故障,而软件则不能使用这种技术。
- 事先估计可靠性测试和可靠性的逐步提高等技术对硬件和软件有不同的意义。
- 为提高硬件可靠性可采用冗余技术,而同一软件的冗余不能提高可靠性。
- 硬件可靠性检验方法已经建立并有一套成熟完整的理论,而目前软件可靠性验证方法仍未建立,更没有完整的理论体系。
- 硬件可靠性已有成熟的产品市场,而软件产品市场还很新。
- 有时候一些硬件错误也经常被误认为是软件错误,软件的错误是永恒的、可重现的。

由此说来,软件可靠性比硬件可靠性更难保证,即使是美国宇航局的软件系统,其可靠性仍比硬件可靠性低一个数量级。

(2)影响软件可靠性的因素

软件可靠性是关于软件能够满足需求功能的性质,软件不能满足需求是因为软件中的差错引起了软件故障。软件中有哪些可能的差错呢?

软件差错是软件开发各阶段潜入的人为错误:

①需求分析定义错误。如用户提出的需求不完整,用户需求的变更未被及时消化,软件开发者和用户对需求的理解不同,等等。

②设计错误。如处理的结构和算法错误,缺乏对特殊情况和错误处理的考虑等。

③编码错误。如语法错误、变量初始化错误等。

④测试错误。如数据准备错误、测试用例错误等。

⑤文档错误。如文档不齐全、文档相关内容不一致、文档版本不一致、缺乏完整性等。

从上游到下游,错误的影响是发散的,所以要尽量把错误消除在开发前期阶段。

错误引入软件的方式可归纳为两种特性:程序代码特性、开发过程特性。

程序代码一个最直观的特性是长度,另外还有算法和语句结构等。程序代码越长,结构越复杂,其可靠性越难保证。开发过程特性包括采用的工程技术和使用的工具,也包括开发者个人的业务经历水平等。

除了软件可靠性外,影响可靠性的另一个重要因素是健壮性,对非法输入的容错能力。所以提高可靠性从原理上看就是要减少错误和提高健壮性。

1983 年,美国 IEEE 计算机学会对"软件可靠性"做出了明确的定义,该定义包含两个方面的内容:

①在规定的条件下和时间内,软件不引起系统失效的概率。

②在规定的时间周期内,在所述条件下程序执行所要求的功能的能力。

其中,概率是系统输入和系统使用的函数,也是软件中存在的故障的函数,系统输入将确定是否会遇到已存在的故障(如果故障存在的话)。

1.1.3　软件质量与质量保证

概括地说,软件质量就是"软件与明确的和隐含的定义的需求相一致的程度"。具体地说,软件质量是软件符合明确叙述的功能和性能需求、文档中明确描述的开发标准以及所有专业开发的软件都应具有的和隐含特征相一致的程度。

1. 影响软件质量的主要因素

在通常情况下,影响软件质量的因素是从管理角度对软件质量进行度量。可划分为三组,分别反映用户在使用软件产品时的三种观点。

①正确性、健壮性、效率、完整性、可用性、风险(产品运行)。

②可理解性、可维修性、灵活性、可测试性(产品修改)。

③可移植性、可再用性、互运行性(产品转移)。

2. 软件质量标准

①软件需求是度量软件质量的基础,与需求不一致就是质量不高。

②指定的标准定义了一组指导软件开发的准则,如果没有遵守这些准则,肯定会导致质量不高。

③通常,有一组没有显式描述的隐含需求(如期望软件是容易维护的)。如果软件满足明确描述的需求,但却不满足隐含的需求,那么软件的质量仍然是值得怀疑的。

3. 软件质量保证

软件质量保证(SQA),是软件质量管理这个庞大、复杂系统中的一个分支,与质量计划、质量控制合称为质量管理的过程域。企业必须借助专业、高效的质量管理方法和测试工具,从管理和技术两方面双管齐下,才能实现软件质量管理这个目标。质量保证是贯穿整个项目生命周期的有计划、有步骤地对整个项目质量计划执行情况进行评估、检查与改进的工作,目的是向管理者、客户提供信任,以此确保项目质量与技术一致。

1.2　软件测试发展史和发展前景

软件测试是伴随着软件的产生而产生的。在起初软件开发时期,软件规模小,复杂程度低,软件开发的过程是混乱的、无序的,这个阶段软件测试都是以调试的方式出现的,其概念等同于"调试",当时对测试的投入较少,测试人员的介入也是等代码完成的,产品基本形成后才进行一些随机设计的测试用例的测试,以此来证明软件可以正常运行。

20 世纪 50 年代后期,随着计算机软件的发展和各种高级编程语言的相继诞生,程序的复杂性远远超出了以往,测试的重点也逐步转入使用高级语言编写的软件系统中。1957 年,软件测试首次作为发现软件缺陷的活动,与调试区分开来。但是由于受当时硬件的制约,测试活动仍旧落后于开发。

到 20 世纪 70 年代末,随着计算机处理速度的迅猛提高,存储器容量的迅速增大,软件在整个计算机系统中的地位越来越重要,软件开发技术越趋成熟和规范,软件规模越来越大,复杂度也大大增加。因此,软件可靠性面临着巨大的挑战,很多测试理论和方法应运而生,逐渐形成了一套完整的体系,也涌现出一批出色的软件测试师。

　　1972 年,软件测试的先驱者 Bill Hetzel 博士(代表著作《软件测试完全指南》*The Complete Guide to Software Testing*)在北卡罗来纳大学举行了首届以测试为主题的正式会议。Bill Hetzel 在《软件测试完全指南》一书中指出:"测试是以评价一个程序或者系统属性为目标的任何一种活动。"测试是对软件质量的度量,这个定义至今仍被引用。随后,软件开发人员和测试人员开始坐在一起探讨软件工程和测试问题。John Good Enough 和 SuSan Gerhart 在 IEEE 上发表的《测试数据选择原理》确定了软件测试是软件的一种研究方向。1979 年,Glenford Myers 在《软件测试艺术》一书中提出"测试是为发现错误而执行一个程序或者系统的过程"。

　　1983 年,IEEE 在提出的软件工程术语中给软件测试下的定义是:"使用人工或自动的手段来运行或测定某个软件系统的过程,其目的在于检验它是否满足规定的需求或弄清预期结果与实际结果之间的差别。"这个定义明确指出:软件测试的目的是检验软件系统是否满足需求。它再也不是一个一次性的、仅限于开发后期的活动,而是与整个开发流程融合成一体的。软件测试已成为一个专业,需要运用专门的方法和手段,需要专门人才和专家来承担。

　　进入 20 世纪 90 年代,软件行业开始迅猛发展,软件的规模变得非常大,在一些大型软件开发过程中,测试活动需要花费大量的时间和成本,而当时测试的手段几乎都是手工测试,测试的效率非常低;并且随着软件复杂度的提高,出现了很多通过手工方式无法完成测试的情况,尽管在一些大型软件的开发过程中,人们尝试编写了一些小程序来辅助测试,但是这还是不能满足大多数软件项目的统一需要。于是,很多测试实践者开始尝试开发商业的测试工具来支持测试,辅助测试人员完成某一类型或某一领域内的测试工作,因而测试工具逐渐盛行起来。人们普遍意识到,工具不仅仅是有用的,而且要对今天的软件系统进行充分的测试,工具是必不可少的。测试工具可以进行部分的测试设计、实现、执行和比较的工作。通过运用测试工具,可以达到提高测试效率的目的。测试工具的发展,大大提高了软件测试的自动化程度,让测试人员从繁琐和重复的测试活动中解脱出来,专心从事有意义的测试设计等活动。采用自动比较技术,还可以自动完成测试用例执行结果的判断,从而避免人工比对存在的疏漏问题。设计良好的自动化测试,在某些情况下可以实现"夜间测试"和"无人测试"。在大多数情况下,软件测试自动化可以减少开支,增加有限时间内可执行的测试,在执行相同数量测试时节约测试时间。而且测试工具的选择和推广也越来越受到重视。

　　在软件测试工具平台方面,目前商业化的软件测试工具已经很多,如捕获/回放工具、Web 测试工具、性能测试工具、测试管理工具、代码测试工具等,这些大都有严格的版权限制且价格较为昂贵,由于价格和版权的限制,无法自由使用,当然,一些软件测试工具开发商对于某些测试工具提供了 Beta 测试版本以供用户有限次数使用。幸运的是,在开放源码社区中也出现了许多软件测试工具,已得到广泛应用且相当成熟和完善。

　　由此可见,测试在软件开发过程中,已经不再是基于代码而进行的活动,软件测试是一个基于整个软件生命周期的质量控制活动,并始终贯穿于软件开发的各个阶段。

1.3　软件测试的目的、原则和相关标准

1.3.1　软件测试的目的

软件测试是指使用人工或者自动化工具来运行或测试某个系统的过程,其目的在于检验被试系统是否满足产品需求规格说明中所规定的要求或者弄清预期结果与实际结果之间的差别,以便及时修正和改进。软件测试是一个系列过程活动,是帮助识别开发完成计算机软件的正确度、完全度和质量的软件过程,是软件质量保证的重要手段。

软件测试的目的应包含如下内容:

①测试并不仅仅是找出错误,而是通过分析错误产生的原因和错误发生的趋势,从而帮助项目管理者发现软件当前存在的缺陷,以便及时改进。

②测试分析可以有效帮助测试人员设计有效的针对性测试方法,提高测试的有效性。

③没有发现错误的测试也是有价值的测试,完整的测试是评价软件质量的方法之一。

最后,测试的目标就是以最少的时间和人力发现软件存在的各种错误和缺陷,来证明软件的功能和性能与需求说明相符合。此外,测试收集的测试结果和数据也为软件可靠性分析提供有效依据。

1.3.2　软件测试的原则

软件测试的基本原则有助于测试人员进行高效的测试,尽早尽多地发现软件存在的缺陷和错误,通过分析软件存在的问题,从而能够持续改进测试过程,保证软件质量。

(1)测试要尽早介入

应当把"尽早地和不断地进行软件测试"作为软件测试者的座右铭。IBM 公司的一项研究报告表明,缺陷存在放大的趋势,因此,软件测试人员要尽早而且不断地进行软件测试,以提高软件质量,降低软件开发和后期维护的成本。

(2)测试要能显示缺陷的存在

软件测试可以显示缺陷的存在,但不能证明系统不存在缺陷。测试可以减小软件存在缺陷的可能性,换句话说,即使测试没有发现任何缺陷,也不能证明软件或系统是完全正确的,或者说是不存在缺陷的。

(3)不存在穷尽测试

在测试用例设计过程中,如果考虑到所有的输入量和测试的前置条件,这是个天文数字,实际测试是无法做到的,通常当满足一定的测试出口准则时测试就应该停止。也就是说,测试只能是抽样进行,这就需要在优先级、风险、成本、收益之间取得平衡。

(4)测试的群集性

根据 Pareto(帕累托)法则,"80%的错误集中在 20%的程序模块中",事实也证明了大多数缺陷都比较集中在测试对象的极小部分中,缺陷分布不是平均的,而是集群分布的。因此在测试过程中,要特别注意错误集群现象,对于错误发现较多的程序模块要进行

反复深入的测试。

(5)测试用例设计避免"杀虫剂"效应

我们知道,杀虫剂用多了,虫子就有了免疫力,此时杀虫剂就发挥不了作用。在测试工作中,同样的测试用例被一遍遍反复使用时,发现缺陷的能力就会越来越差,因为测试人员没有及时更新测试用例,已经形成了定势思维。

为克服这种现象,测试用例需要根据测试对象和内容进行评审和修改,用不断更新的测试用例来对系统的不同部分进行测试,保证测试的完备性和完整性。

(6)测试要严格按测试计划执行

测试要严格按照事先制订的测试计划进行,绝对不允许随意性测试。测试计划包括被测软件的功能、输入与输出、各项测试的进度安排、资源和环境要求、测试工具准备、测试用例选择、测试跟踪、测试报告以及测试评价等。

(7)测试必须贯穿于软件整个生命周期

由于软件的复杂性,在整个软件生命周期的各个阶段都可能产生错误,因此,测试的准备和设计必须在编码之前就开始,而且贯穿于整个软件生命周期。

(8)测试需要独立的测试团队或由第三方测试

从心理学角度看,人们都具有一种不愿否定自己工作的心理,这个心理恰恰是测试顺利进行的障碍。因此,程序员应该避免检查自己的程序。测试需要一种严谨、客观和冷静的工作态度,为使得测试更加客观、公正进行,测试需要独立的测试团队来完成或由第三方进行测试,这更有利于高效地发现测试的缺陷。现在大部分软件企业都有自己独立的测试团队。

1.3.3　软件测试的相关标准

软件测试的相关标准见表 1-1。

表 1-1　软件测试的相关标准

编号	标准代码	标准名称
01	GB/T 17544—1998	《信息技术　软件包　质量要求和测试》
02	GB/T 16260—2006	《软件工程　产品质量》
03	GB/T 18905—2002	《软件工程　产品评价》
04	GB/T 15532—2008	《计算机软件测试规范》
05	GB/T 17544—1998	《信息技术　软件包　质量要求和测试》
06	GB/T 8567—2006	《计算机软件文档编制规范》
07	GB/T 9386—2008	《计算机软件测试文档编制规范》
08	GB/T 25000.1—2010	《软件工程　软件产品质量要求与评价(SQuaRE)　SQuaRE 指南》
09	CSTCJSBZ02	《应用软件产品测试规范》
10	CSTCJSBZ03	《软件产品测试评分标准》

1.4 软件测试人员

1.4.1 软件测试人员的基本素质

软件测试是一项复杂而艰巨的工作,软件测试人员的目标是尽早尽多地发现软件缺陷,以降低修复的成本。在比较成熟规范的软件企业,软件测试人员和程序员的作用一样重要,有时候软件测试人员付出的努力和投入并不比软件开发人员少,尽管软件测试人员不必成为一个经验丰富的程序员,但是拥有编程知识会有好处。

通常软件测试人员需具备如下素质:

1. 良好的沟通能力

在软件测试的过程中,软件测试人员需要与各类人员沟通,不同的人所关注的重点不同,如何在同一件事上用不同的方式表达出来,是软件测试人员所必须具备的能力,尤其是软件测试人员的工作有时候被理解为"破坏"性的工作。当发现缺陷或者重大错误时,既要避免与程序员之间发生冲突,又要考虑到管理者、客户等多方面的因素,良好的沟通和合作对软件测试人员来说是一门艺术,需要在工作中不断地积累和提炼。

2. 掌握全面的技术

软件测试人员提出的问题要有理有据,要有可信度,这就需要软件测试人员必须掌握一定的编程能力,对系统架构、网络、数据库等具有相关知识和操作能力,不仅要明白测试软件系统的概念、技术以及方法,还要会使用一些工具辅助进行自动化测试,这都是对软件测试人员提出的挑战。

3. 要具备充分的自信心、足够的耐心和责任感

在与开发人员进行沟通时,首先,不仅需要软件测试人员自身过硬的技术能力,还需要有足够的信心来面对开发人员的质疑和指责,坚持立场继续工作。其次,在测试的过程中,会遇到很多重复、繁琐的工作,容易让人产生厌倦,有时甄别一个错误需要花费大量的时间和精力,甚至有些是转瞬即逝、不可复现的错误,这都需要软件测试人员具有足够的耐心和责任感,坚持不懈,找出问题所在。

4. 具有怀疑精神

对于软件测试人员发现的错误或者缺陷,开发人员总会努力解释,这就需要软件测试人员必须具有怀疑的态度,坚持到错误被确认。虽然无法做到完美,但也要尽量去接近目标。

5. 超强的洞察力和记忆力

优秀的软件测试人员应该具备超强的洞察力,不停地尝试,不放过任何蛛丝马迹,遇到类似错误时能将以往从记忆中挖掘出来,这些能力往往能起到事半功倍的作用。

1.4.2 软件测试人员需具备的思维方式

软件测试人员需要学习的主要专业课程有:C语言程序设计、Java语言程序设计、软件工程与项目管理、数据库原理与应用、网络应用技术、软件测试技术、软件测试过程管理、软件测试自动化、GUI 设计及测试、软件质量管理、IT 英语等。

作为一个软件测试人员,除具备以上素质外,还需要具备以下几种思维方式:

1.逆向思维方式

逆向思维是相对的,即按照与常规思路相反的方向进行思考,在调试中用得比较多。当发现缺陷时,进一步定位问题的所在,采用逆流而上的方式进行分析。逆向思维往往能够发现开发人员的思维漏洞。

2.组合思维方式

对事物从单方面进行考虑一般是不会有问题的,但是一旦将相关事物组合在一起就能够发现很多问题。在实际测试中,往往可以使用"排列"或"组合"的方式,将相关的因素划分到不同的维度上,然后再考虑其相关性。比如:多进程并发,不但使得程序的复杂度提高,其程序的缺陷率也随之增长。

3.全局思维方式

多角度分析待测的系统就是全局思维,以不同角色看待系统,分析其是否能够满足要求。在软件开发过程中进行的各种评审,应让更多的人参与思考,尽可能地实现全方位审查某个解决方案的准确性以及其他特性。

4.两极思维方式

在极端的情况下,用两极思维查看系统是否存在缺陷。边界值分析法就是两极思维的代表典范。

5.简单思维方式

舍去一些非关键特征,针对事物本质进行测试,这样不至于偏离方向。

6.比较思维方式

在人们认知事物的过程中,往往都是与已知的某些概念进行比较,找出相同、相异之处,或者归类。应用模式是"比较思维"很常见的例子,有设计模式、体系结构模式、测试模式等。由于经验在测试中很重要,因此比较思维是较为常用的方式。

1.4.3　软件测试工程师职位简介

下面是 IT 行业中软件测试工程师职位的发展之路。

①初级测试工程师。刚刚入门,拥有计算机科学学位的个人或者具有一些手工测试经验的个人。开发测试脚本并开始熟悉测试生存周期和测试技术。

②测试工程师/程序分析师。具有 1～2 年工作经验的测试工程师或程序员。编写自动测试脚本程序并担任测试编程初期领导工作。拓展编程语言、操作系统、网络与数据库技能。

③高级测试工程师/程序分析师。具有 3～4 年工作经验的测试工程师或程序员。帮助开发或测试维护编程标准与过程,负责同级的评审,并充当其他初级测试工程师或程序员的顾问。

④测试组负责人。具有 4～6 年工作经验的测试工程师或程序员。负责管理 1～3 名测试工程师或程序员。承担一些进度安排和工作规模/成本估算职责。

⑤测试/编程负责人。具有 6～10 年工作经验的测试工程师或程序员。负责管理

8～10名技术人员。承担进度安排和工作规模/成本估算,按进度表和预算目标交付产品。

⑥测试/质量保证/开发(项目)经理。具有10年以上工作经验。管理8名以上的人员,参加一个或多个项目。负责本领域(测试/质量保证/开发)内的整个开发生存周期的事务。

⑦计划经理。具有15年以上开发与支持(测试/质量保证)活动方面的工作经验。管理从事若干个项目的人员以及整个开发生存周期的事务。负责把握项目方向并担负盈亏责任。

习题 1

一、选择题

1. 软件测试的目的是( )。

A. 尽可能发现软件中的错误　　　　C. 评价软件质量

B. 表明软件无错误　　　　　　　　D. 修改软件中出现的问题

2. 关于软件测试的说法,以下( )是错误的。

A. 程序是测试的主要对象

B. 软件测试贯穿于软件定义和开发的整个过程

C. 需求规格说明、设计规格说明都是软件测试的对象

D. 软件测试是程序测试

3. 导致软件缺陷的原因有很多,以下四个是可能原因,最主要的原因包括( )。

①软件操作人员的水平

②软件需求说明书编写不全面、不完整、不准确,而且经常更改

③软件说明书不规范

④开发人员不能很好地理解需求说明书和沟通不足

A.①②④　　　　B.②④　　　　C.②③　　　　D.①③④

二、简答题

1. 简述软件测试的目的。

2. 简述软件缺陷的定义和划分。

3. 简述软件测试的原则和意义。

4. 简述软件测试工程师应具备的基本素质和思维方式。

第2章

软件测试技术

软件测试涉及技术、管理等多个层面的内容，为了更好地实施软件测试，必须了解软件测试的基本原理、分类和相关测试技术。本章从技术层面系统介绍软件测试过程中用到的测试方法和技术。

主要内容

- 软件测试原理及分类
- 白盒测试相关技术
- 黑盒测试相关技术
- 其他测试技术

能力要求

- 能够描述软件测试的原理和分类
- 能够熟练使用白盒测试的相关技术进行测试活动
- 能够熟练使用黑盒测试的相关技术进行测试活动

2.1 软件测试技术概述

软件测试是指使用人工方式或者自动化工具运行测试被测对象（软件系统）的过程，目的在于验证被测对象是否满足需求说明书中规定的内容和功能，尽早发现软件存在的缺陷。

软件测试是软件质量保证的重要手段，其目标就是以最少的时间和人力尽早找出软件潜在的各种错误和缺陷，证明软件的功能和性能与需求说明相符。此外，实施测试收集到的测试结果数据也可为可靠性分析提供依据。

2.1.1 软件测试分类

1. 按照软件开发阶段分类

软件测试贯穿于软件开发的整个生命周期，按照软件开发的阶段，软件测试分为单元测试、集成测试、确认测试、系统测试、验收测试等。

（1）单元测试

单元测试（Unit Testing）又称为模块测试（Module Testing），是软件测试对象中的最小可测单元，目的是检查每个单元是否正确实现了详细设计文档中定义的功能、性能、接口等要求，以便发现各个模块内部可能出现的各种错误和缺陷，保证了最小单元的代码准确，会令设计更好，大大减少花在调试上的时间。

单元测试通常是在软件开发人员编码后进行的，一般是开发人员互换模块进行交叉测试，但是实际上在不正规的软件开发团队中，单元测试都由开发人员自己来完成。大部分软件测试方法都适用于单元测试。

（2）集成测试

集成测试（Integration Testing）又称为组装测试。基于单元测试后的单元模块，依据概要设计文档，对通过单元测试的模块组装为系统或子系统进行测试，其目的是检验不同模块单元之间的接口是否符合概要设计的要求，能否正常运行。与单元测试相比，集成测试则关注的是单元模块的外部接口。

（3）确认测试

确认测试（Conformation Testing）是通过检验和提供客观证据，证实软件是否满足特定预期用途的需求。确认测试检测以证实软件是否满足软件需求说明书中规定的要求。

（4）系统测试

系统测试（System Testing）是为了验证和确认系统是否达到了预期的功能和目标，主要由测试工程师进行测试，分为功能测试和性能测试。

（5）验收测试

验收测试（Acceptance Testing）又称为接受测试，是在系统测试后期，以用户为主，测试人员和质量保证人员共同辅助进行测试，验证测试是软件正式交付上线前的最后一个测试环节。

验收测试依据软件需求规格说明文档和软件验收标准。验收测试又分为 α 测试和 β 测试。α 测试一般认为是实验室测试，由非专业人士参加，一般有专业的测试工程师配合指导，测试问题马上能得到反馈，定位准确，但是代价比较大，这种测试方法适合项目级应用。β 测试则是开放型测试，将软件交付给用户，此时的软件称为 Beta 版，在实际的环境下对软件进行测试。也称为"用户测试"，测试可以收集大量信息，其中可能有测试人员无法发现的缺陷甚至是重大的缺陷，此种测试对测试产品不仅起到非常重要的作用，而且有利于收集数据，促进产品成功发布上线。

2. 按执行状态分类

按照被测软件是否需要执行，可将软件测试分为静态测试和动态测试。

（1）静态测试

静态测试（Static Testing）又称为静态分析（Static Analysis），指不运行被测程序，而是分析和检查程序的形式与结构，查找缺陷，进行需求确认。主要包括对源代码、程序界面、各类文档等进行测试，相当于是对被测程序进行特性分析。

对于代码检查主要是检查代码是否与设计一致，是否符合标准和规范，如可读性、代码逻辑性、可维护性等方面。对代码进行静态检查并非易事，目前很多静态测试都是借助静态分析工具进行的,比如 Telelogic 公司的 Logiscope RuleChecker,Parasoft 公司的 C++ Test 和 PC-Lint,前面两个倾向于代码规范检查,后面的 PC-Lint 更倾向于代码的逻辑分析。这些静态分析工具主要由语言程序预处理器、数据库、错误分析器和报告生成器四个部分组成。

对于程序界面,主要查看软件的实际操作和运行界面是否都符合需求说明中的相关要求。

对于文档,如产品规格说明书、各种设计文档等,主要检查用户手册与需求说明是否符合用户的实际要求。

静态测试通常采用走查(Walk through)、审查(Inspection)、同行评审(Review)等方法来查找错误并收集所需数据,因为不需要运行程序,可以更早地进行。

(2)动态测试

动态测试(Dynamic Testing)又称为动态分析(Dynamic Analysis),是需要实际运行被测软件程序的,通过运行时表现出的状态、行为发现程序的错误与缺陷。运行时依据测试用例,对实际测试结果与预期结果进行对比分析,发现程序与客户需求不一致的问题。

动态测试贯穿在测试的各个阶段中,是一种非常有效的测试方法,但因为需要实际运行程序,所以必须在测试前准备好测试用例,搭建实际运行环境,其缺点是不能检查文档,必须等到程序代码完成后才可以进行,因此发现的问题较少。

静态测试与动态测试比较见表 2-1。

表 2-1　　　　　　　　　静态测试与动态测试比较

测试方法	是否运行软件	是否需要测试用例	是否可以直接定位缺陷	测试实现难易度	精准性	独立性
静态测试	否	否	是	容易	否	否
动态测试	是	是	否	困难	是	是

3. 按执行主体分类

按照测试组织方划分,软件测试分为开发方测试、用户测试和第三方测试。

(1)开发方测试

开发方测试又称为验收测试或 α 测试,在软件开发环境下,测试软件是否实现了需求规格说明中的功能,是否达到了要求的性能。

(2)用户测试

用户测试又称为 β 测试,在用户的实际环境下,让用户使用、评价和检查软件,发现软件存在的问题和缺陷,并做出相应的评价。

(3)第三方测试

第三方测试指由第三方测试机构执行测试,也称为独立测试。在测试组织、技术、管理上与开发方和用户方都是独立的,通常在模拟用户实际使用环境下对软件进行确认测试。

4. 按测试技术分类

按照对被测对象的了解程度和是否查看代码,测试又分为黑盒测试、白盒测试和灰盒测试。

（1）黑盒测试

黑盒测试是将被测对象看作一个黑盒子，不考虑程序内部的结构和逻辑结构，提供输入，检查输出，主要检查软件的每个功能是否正常使用，属于功能性测试。

优点：能从产品功能角度进行测试，确保从用户角度出发，测试用例不因程序内部逻辑变化而变化，测试人员容易上手。

缺点：无法测试程序内部，若规格说明有误，错误无法发现，产品得不到充分性测试。

应用范围：等价类划分法、边界值分析法以及决策表测试。

（2）白盒测试

与黑盒测试相反，白盒测试则要了解程序内部和逻辑结构，检测内部是否按照规格说明书的规定正常进行。基于代码测试的白盒测试，需要了解程序内部的架构、具体需求以及程序的编写技巧，属于验证性结构测试。

优点：可以针对程序内部进行覆盖测试，程序内部可以得到充分性测试，有很多工具可以支持完成。

缺点：不易生成测试数据，无法测试程序外部特性，工作量大，一般用于单元测试。

应用范围：语句覆盖、条件覆盖、判定覆盖、路径覆盖等。

（3）灰盒测试

灰盒测试是介于白盒测试和黑盒测试之间的测试，相对于白盒测试，它不需要关注详细、完整的内部结构，只需要测试各个组件间的逻辑关系是否正确。灰盒测试的重点在于测试程序的处理能力和健壮性，与白盒测试和黑盒测试相比，投入的时间和维护工作量较小。

在软件开发过程中，测试方法总是与之相连的，比如，白盒测试一般用于单元测试，黑盒测试主要用于系统测试和确认测试，而灰盒测试则应用于集成测试中。

5. 按执行是否需要人工干预分类

按照执行测试时是否需要人工参与，可以将测试分为手工测试和自动化测试。

（1）手工测试

手工测试是指测试完全由人工完成，包括测试计划制订、测试用例编写、执行、测试结果分析等，传统的测试工作都由人工来完成。

（2）自动化测试

与手工测试相比，自动化测试则是指测试所涉及的任何活动都由测试工具完成，包括测试脚本编写、开发、执行和管理，不需要人工干预，目前主要用于功能测试、性能测试和回归测试活动中。

相对于人工测试，自动化测试能够增大测试的广度和深度，提高测试工作质量，产出可靠的系统，减少测试工作量和加快测试进度，这都是人工测试无法完成的。

6. 其他测试类型

除上面介绍的测试分类外，还有一些重要的测试，比如冒烟测试、回归测试和随机测试等。

（1）冒烟测试

冒烟测试（Smoking Testing）源自硬件行业，因为当电路板做好以后，加电测试，如果板子没有冒烟再进行其他测试,否则就必须重新来过。如果冒烟测试没有通过,那么仍旧会返回给开发人员进行修正,测试人员测试的版本必须首先通过冒烟测试的考验。多用于回归测试中,其优点是节省测试时间,防止创建失败,缺点则是覆盖率偏低。

(2)回归测试

回归测试(Regression Testing)是指对软件的新的版本测试时,重复执行上一个版本测试时的用例。

(3)随机测试

软件测试中除了根据测试用例和测试说明书进行测试外,还需要进行随机测试(Ad-hoctesting),主要是根据测试者的经验对软件进行功能和性能抽查。重点对一些特殊情况点、特殊环境并发性进行检查。在随机测试中,需要对软件非常熟悉,这样测试执行起来就比较容易,是一个需要不断积累经验、不断总结的过程。

2.1.2　软件测试模型

软件测试和软件开发一样,都遵循软件工程原理,遵循管理学原理。测试专家通过实践总结出了很多很好的测试模型。这些模型将测试活动进行了抽象,明确了测试与开发之间的关系,是测试管理的重要参考依据。

1. V 模型

在软件测试方面,V 模型是最广为人知的模型,最早在 20 世纪 80 年代后期由 Paul Rook 提出,V 模型中的过程从左到右,描述了基本的开发过程和测试行为。明确表明了测试过程中的不同级别,并清楚描述了测试各个阶段与开发过程各个阶段的对应关系。其局限性就是容易让人们把测试作为编码之后的最后一个活动去理解,需求分析等前期产生的错误直到后期的验收测试才能发现。V 模型示意图如图 2-1 所示。

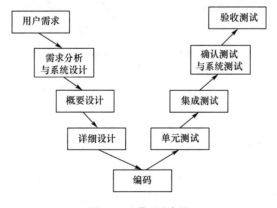

图 2-1　V 模型示意图

2. W 模型

W 模型由 Evolutif 公司提出,相对于 V 模型,W 模型更科学。W 模型是 V 模型的发展,由两个 V 模型组成,分别代表测试与开发过程,明确表明了测试与开发是并行关系。强调的是测试伴随着整个软件开发周期,而且测试的对象不仅仅是程序,需求、功能和设计同样要测试。测试与开发是同步进行的,因而有利于尽早地发现问题。

　　W 模型也有局限性。W 模型和 V 模型都把软件的开发视为需求、设计、编码等一系列串行的活动,无法支持迭代、自发性以及变更调整。W 模型示意图如图 2-2 所示。

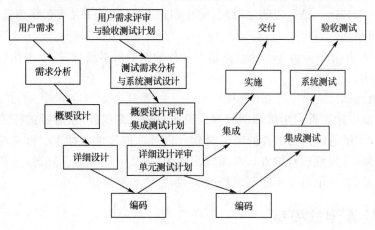

图 2-2　W 模型示意图

3. X 模型

　　X 模型也是对 V 模型的改进,X 模型的左边描述的是针对单独程序片段所进行的相互分离的编码和测试,此后将进行频繁的交接,通过集成最终成为可执行的程序,然后再对这些可执行程序进行测试。已通过集成测试的成品可以进行封装并提交给用户,也可以作为更大规模和范围内集成的一部分。多根并行的曲线表示变更可以在各个部分发生。X 模型示意图如图 2-3 所示。

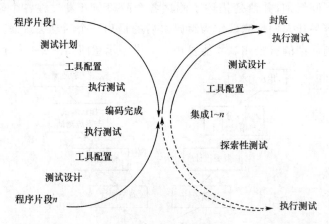

图 2-3　X 模型示意图

　　由图 2-3 可见,X 模型还定位了探索性测试,这是不进行事先计划的特殊类型的测试,这一方式往往能帮助有经验的测试人员在测试计划之外发现更多的软件错误。但这样可能对测试造成人力、物力和财力的浪费,对测试人员的熟练程度要求比较高。

4. H 模型

　　在 H 模型中,软件测试过程活动完全独立,贯穿于整个产品的周期,与其他流程并发地进行,当某个测试点准备就绪时,就可以从测试准备阶段进行到测试执行阶段。软件测试可以尽早地进行,并且可以根据被测物的不同而分层次进行。

如图 2-4 所示,演示了在整个生产周期中某个层次上的一次"微循环"测试。图中标注的其他流程可以是任意的开发流程,例如设计流程或者编码流程。也就是说,只要测试条件成熟了,测试准备活动完成了,测试执行活动就可以进行了。

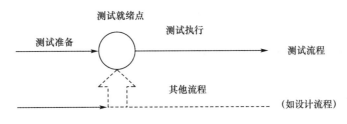

图 2-4　H 模型示意图

H 模型揭示了一个原理:软件测试是一个独立的流程,贯穿于产品整个生命周期,与其他流程并发地进行。H 模型指出软件测试要尽早准备,尽早执行。不同的测试活动可以是按照某个次序先后进行的,但也可能是反复的,只要某个测试达到准备就绪点,测试执行活动就可以开展。

5.前置模型

前置测试模型是由 Robin F. Goldsmith 等人提出的,是一个将测试和开发紧密结合的模型,该模型提供了轻松的方式,可以使项目加快速度。它有以下特点:

(1)开发和测试相结合

前置测试模型将开发和测试的生命周期整合在一起,标识项目生命周期从开始到结束的关键行为,并且表示这些行为在项目周期中的价值所在。如果其中有些行为没有得到很好的执行,那么项目成功的可能性就会因此而有所降低。如果有业务需求,则系统开发过程将更有效率。在没有业务需求的情况下进行开发和测试是不可能的。而且,业务需求最好在设计和开发之前就被正确定义。

(2)对每一个交付内容进行测试

每一个交付的开发结果都必须通过一定的方式进行测试。源程序代码并不是唯一需要测试的内容。这同 V 模型中开发和测试的对应关系是相一致的,并且在其基础上有所扩展,变得更为明确。

前置测试模型包括两项测试计划技术:

第一项技术是开发基于需求的测试用例。这并不仅仅是为以后提交上来的程序的测试做好初始化准备,也是为了验证需求是否是可测试的。这些测试可以交由用户来进行验收测试,或者由开发部门做某些技术测试。很多测试团队都认为,需求的可测试性即使不是需求首要的属性,也应是其最基本的属性之一。因此,在必要的时候可以为每一个需求编写测试用例。不过,基于需求的测试最多也只是和需求本身一样重要。一项需求可能本身是错误的,但它仍是可测试的。而且,你无法为一些被忽略的需求来编写测试用例。

第二项技术是定义验收标准。在接受交付的系统之前,用户需要用验收标准来进行验证。验收标准不仅仅是定义需求,还应在前置测试之前进行定义,这将帮助揭示某些需求是否正确,以及某些需求是否被忽略了。

同样的,系统设计在投入编码实现之前也必须经过测试,以确保其正确性和完整性。很多组织趋向于对设计进行测试,而不是对需求进行测试。Goldsmith 曾提供过 15 项以上的测试方法来对设计进行测试,这些组织也只使用了其中很小的一部分。在对设计进行的测试中有一项非常有用的技术,即制订计划以确定应如何针对提交的系统进行测试,这在处于设计阶段并即将进入编码阶段时十分有用。

(3)在设计阶段进行计划和测试设计

设计阶段是做测试计划和测试设计的最好时机。很多组织要么根本不做测试计划和测试设计,要么在即将开始执行测试之前才飞快地完成测试计划和设计。在这种情况下,测试只是验证了程序的正确性,而不是验证整个系统本该实现的东西。

测试有两种主要的类型,这两种类型都需要测试计划。在 V 模型中,验收测试最早被定义好,并在最后执行,以验证所交付的系统是否真正符合用户业务的需求。与 V 模型不同的是,前置测试模型认识到验收测试中所包含的三种成分,其中的两种都与业务需求定义相联系,即定义基于需求的测试,以及定义验收标准。但是,第三种则需要等到系统设计完成,因为验收测试计划是由针对按设计实现的系统来进行的一些明确操作定义所组成的,这些定义包括如何判断验收标准已经达到,以及基于需求的测试已算成功完成。

技术测试主要是针对开发代码的测试,例如 V 模型中所定义的动态的单元测试、集成测试和系统测试。另外,前置测试还提示我们应增加静态审查,以及独立的 QA 测试。QA 测试通常跟随在系统测试之后,从技术部门的意见和用户的预期方面出发,进行最后的检查。同样的还有特别测试。我们取名特别测试,并把该名称作为很多测试的一个统称,这些测试包括负载测试、安全性测试、可用性测试等,这些测试不是由业务逻辑和应用来驱动的。

对技术测试最基本的要求是验证代码的编写和设计的要求是否相一致。一致的意思是系统确实提供了要求提供的,并且系统并没有提供不要求提供的。技术测试在设计阶段进行计划和设计,并在开发阶段由技术部门来执行。

(4)测试和开发结合在一起

前置测试将测试和开发结合在一起,并在开发阶段以编码—测试—编码—测试的方式来体现。也就是说,程序片段一旦编写完成,就会立即进行测试。普通情况下,先进行的测试是单元测试,因为开发人员认为通过测试来发现错误是最经济的方式。但也可参考 X 模型,即一个程序片段也需要相关的集成测试,甚至有时还需要一些特殊测试。对于一个特定的程序片段,其测试的顺序可以按照 V 模型的规定,但其中还会交织一些程序片段的开发,而不是按阶段完全地隔离。

在技术测试计划中必须定义好这样的结合。测试的主体方法和结构应在设计阶段定义完成,并在开发阶段进行补充和升级。这尤其会对基于代码的测试产生影响,这种测试主要包括针对单元的测试和集成测试。不管在哪种情况下,如果在执行测试之前做一点计划和设计,都会提高测试效率,改善测试结果,而且对测试重用也更加有利。

(5)让验收测试和技术测试保持相互独立

验收测试应该独立于技术测试,这样可以提供双重的保险,以保证设计及程序编码能够符合最终用户的需求。验收测试既可以在实施阶段的第一步执行,也可以在开发阶段的最后一步执行。

前置测试模型提倡验收测试和技术测试沿两条不同的路线来进行,每条路线分别验证系统是否能够如预期的设想进行正常工作。这样,当单独设计好的验收测试完成了系统的验证,我们即可确信这是一个正确的系统。

(6)反复交替的开发和测试

在项目中从很多方面可以看到变更的发生,例如需要重新访问前一阶段的内容,或者跟踪并纠正以前提交的内容,修复错误,排除多余的成分,以及增加新发现的功能,等等。开发和测试需要一起反复交替地执行。模型并没有明确指出参与的系统部分的大小。这一点和 V 模型中所提供的内容相似。不同的是,前置测试模型对反复和交替进行了非常明确的描述。

(7)发现内在的价值

前置测试能给需要使用测试技术的开发人员、测试人员、项目经理和用户等带来很多不同于传统方法的内在的价值。与以前的方法中很少划分优先级所不同的是,前置测试用较低的成本来及早发现错误,并且充分强调了测试对确保系统的高质量的重要意义。前置测试代表了对测试的新的不同的观念。在整个开发过程中,反复使用了各种测试技术以使开发人员、经理和用户节省其时间,简化其工作。

在通常情况下,开发人员会将测试工作视为阻碍其按期完成开发进度的额外的负担。然而,当我们提前定义好该如何对程序进行测试以后,我们会发现开发人员将节省至少20％的时间。虽然开发人员很少意识到他们的时间是如何分配的,也许他们只是感觉到有一大块时间从重新修改中节省下来可用于进行其他的开发。保守地说,在编码之前对设计进行测试可以节省总共将近一半的时间,这可以从以下方面体现出来。

针对设计的测试编写是检验设计的一个非常好的方法,由此可以及时避免因为设计不正确而造成的重复开发及代码修改。在通常情况下,这样的测试可以使设计中的逻辑缺陷凸显出来。另一方面,编写测试用例还能揭示设计中比较模糊的地方。总的来说,如果你不能勾画出如何对程序进行测试,那么程序员很可能也很难确定他们所开发的程序怎样才算是正确的。

测试工作先于程序开发而进行,这样可以明显地看到程序应该如何工作。如果等到程序开发完成后才开始测试,那么测试只是查验开发人员的代码是如何运行的。而提前的测试可以帮助开发人员提前得到正确的错误定位。

在测试先于编码的情况下,开发人员可以在一完成编码时就立刻进行测试。而且,这会更有效率,在同一时间内能够执行更多的现成的测试,思路也不会因为去搜集测试数据而被打断。

即使是最好的程序员,从他们各自的观念出发,也常常会对一些看似非常明确的设计说明产生不同的理解。如果他们能参考到测试的输入数据及输出结果要求,就可以及时纠正理解上的误区,从而在一开始就编写出正确的代码。

前置测试定义了如何在编码之前对程序进行测试设计,开发人员一旦体会到其中的价值,就会对其表现出特别的欣赏。前置方法不仅能节省时间,而且可以减少那些令他们十分厌恶的重复工作。

2.2   测试环境

2.2.1   测试环境的定义

简单地说,测试环境就是软件运行的平台,即进行软件测试所必需的平台和前提条件,可用如下公式来表示:

$$测试环境 = 硬件 + 软件 + 网络 + 历史数据$$

2.2.2   测试环境的重要性

测试环境的重要性主要体现在以下几个方面:

1. 加快测试速度

稳定、可控的测试环境,可以使测试人员花费较少的时间就能完成测试用例的执行,也无须花费额外的时间在维护测试用例和测试过程上。

2. 准确重现缺陷

稳定、可控的测试环境可以让被提交的缺陷在任何时刻都能准确地重现。

3. 提高测试效率和保证软件质量

经过良好规划和管理的测试环境,可以尽可能地减少环境变动对测试工作的不利影响,并积极推动测试工作效率和质量的提高。

2.2.3   良好测试环境的要素

良好的测试环境应该具备以下三个要素:

1. 良好的测试模型

良好的测试模型有助于高效率地发现缺陷,它并不只是一系列的方法,更重要的是积累了一些长期以来的历史数据,包括一些同类相关软件的缺陷分布规律、历史数据等。

2. 多样化的系统配置

测试环境在很大程度上应该是用户的真实使用环境或者至少是模拟的使用环境,使之尽量逼近软件的真实运行环境。

3. 熟练使用各种工具的测试人员

在系统测试尤其到性能测试环节,往往需要借助自动化工具的支持。只有熟练使用各种工具的测试人员,才能最大限度地发挥软件自动化测试工具的优势。

2.2.4   测试环境的规划

在通常情况下,我们这里所说的测试环境搭建主要用于系统测试阶段。为确定测试环境的组成,需要明确以下问题:

①所需运行的计算机数量以及每台机器的硬件配置等。

②部署被测应用的服务器所必需的操作系统、数据库管理系统、中间件、Web 服务器以及其他必需组件和相关补丁等。

③用来保存各种测试工作中生成的文档和数据服务器所必需的操作系统、数据库管理系统、中间件、Web 服务器以及其他必需组件和相关补丁等。

④用来执行测试工作的计算机所必需的操作系统、数据库管理系统、中间件、Web 服务器以及其他必需组件和相关补丁等。

⑤是否需要专门的计算机用于被测应用的服务器环境和测试管理服务器的环境备份。

⑥测试中所需要使用的网络环境。

⑦执行测试工作所需要使用的文档编写工具、测试管理系统、性能测试工具、缺陷跟踪等软件的名称、版本、License 数量，以及所需要用到的补丁。而对于性能测试工具，则应当特别关注所选择的工具是否支持被测应用所使用的协议。

⑧为了执行测试用例，所需要初始化的各项数据，对于性能测试，还应当考虑执行测试场景前应当满足的历史数据量。最后还要考虑一个非常重要的问题：在测试中受到影响的数据如何恢复？

明确以上问题，就可以列出详细的检查表，哪些是已经满足的，哪些是需要其他部门协调配合或者支援的。每一项指定对应的负责人，逐一在测试环境搭建前检查，最终形成测试环境的配置说明文档。

2.2.5　测试环境的维护和管理

测试环境搭建好后不可能永远不发生变化，至少被测应用的每次版本发布都会对测试环境产生或多或少的影响。为此，应考虑如下问题：

1. 设置专门的测试环境管理员角色

每个测试项目组都应该配备一名专门的测试环境管理员，其职责包括测试环境的搭建、软件的安装和配置部署，并做好发布文档的编写；测试环境变更的执行、记录；测试环境的备份、恢复及被测应用中所需的各种用户名、密码和权限的管理。

2. 明确测试环境管理所需的各种文档

在通常情况下，至少需要以下文档：组成测试环境的各台计算机上各项软件的安装配置手册、组成测试环境的各台机器的硬件环境文档、被测应用的发布手册、历次被测应用的发布情况、测试环境的备份与恢复方法手册、用户权限管理文档。

3. 测试环境访问权限的管理

为防止测试人员和开发人员对测试环境产生不利影响，需要对访问测试环境的测试人员和开发人员设置独立的用户名、密码和权限。

4. 测试环境的变更管理

为保证测试环境的变更是可追溯和可控的，测试变更需要一个标准的流程。可以借助相应的变更管理软件来实现和管理。

5. 测试环境的备份和恢复

对测试人员来说,测试环境必须是可恢复的,否则将导致原有的测试用例无法执行,或者发现的缺陷无法重现,最终使得测试人员已经完成的工作失去价值。因此,应当在测试环境发生重大变动时进行完整的备份,以便在需要时将系统恢复到安全可用的状态。

此外,还应在每次发布新的被测应用版本时,做好当前版本的数据库备份,而在执行测试用例或性能测试场景之前,也应当做好数据备份或准备数据恢复方案,以便保证测试用例的有效性和缺陷记录的可重现。

2.3 白盒测试

白盒测试(White-Box Testing),又称为结构测试、逻辑测试或基于程序的测试,是软件测试技术中最为有效和实用的测试方法之一。白盒测试将被测程序看作一个透明、打开的盒子,测试者能够看到被测程序,可以分析被测程序的内部结构,依赖于程序内部逻辑的严密性,是一种测试用例设计方法,它从程序的控制结构导出测试用例。

白盒测试的目的是通过检查软件内部的逻辑结构,对软件中的逻辑路径进行覆盖测试;在程序不同地方设立检查点,检查程序的状态,以确定实际运行状态与预期状态是否一致。

软件白盒测试的测试方法总体上分为静态方法和动态方法两大类。静态测试是一种不通过执行程序而进行测试的技术。静态测试的关键功能是检查软件的表示和描述是否一致,有无冲突或者歧义。动态测试是设计一系列的测试用例,通过输入预先设定好的数据来动态地运行程序。动态测试的主要特点是当软件系统在模拟的或真实的环境中执行之前、之中和之后,对软件系统行为的分析。动态测试包含程序在受控的环境下使用特定的期望结果进行正式的运行。它显示一个系统在检查状态下是正确还是不正确。

采用白盒测试方法必须遵循以下几条原则,才能达到测试目的。

①保证一个模块中的所有独立路径至少被测一次。

②所有逻辑值均需测试真(True)和假(False)两个分支。

③检查程序的内部数据结构,保证其结构的有效性。

④在上、下边界及可操作范围内运行所有循环。

在白盒测试中,一般会用覆盖率来度量测试的完整性。覆盖率是指程序被一组测试用例执行的百分比。

$$覆盖率=(至少被执行一次的被测项)/被测项总数$$

2.3.1 逻辑覆盖测试

逻辑覆盖测试法是白盒测试中以程序内部的逻辑结构为基础的设计测试用例的技术方法,目的是测试程序中的判定和条件。测试程序逻辑结果通常需要通过使用控制流覆盖准则来度量测试的进行程度。

根据覆盖目标的不同和覆盖源程序语句的详尽程度,逻辑覆盖又可以分为:

- 语句覆盖
- 判定覆盖
- 条件覆盖
- 条件/判定覆盖
- 条件组合覆盖
- 修正条件/判定覆盖

1. 语句覆盖(Statement Coverage,SC)

语句覆盖就是设计若干测试用例运行被测程序,使得程序中每一可执行语句至少被执行一次。其中"若干"的意思,就是说使用的测试用例越少越好。语句覆盖在测试中主要发现缺陷或错误语句。

语句覆盖率的公式:

$$语句覆盖率(SCP)=被评价到的语句数量/可执行的语句总数\times100\%$$

缺点:对程序执行逻辑的覆盖很低。

下面以一段简单的 C 语言代码片段为例,流程图如图 2-5 所示,源码如下:

```
void Test1(int a,int b,int c)
{
    int m=0,n=0;
    if((a>3)&&(c<10))
    {
        m=a*b-1;
        b=2*a+b;
    }
    if((a==4)||(b>5))
    {
        n=a*b+10;
    }
    n=3*a;
    return n;
}
```

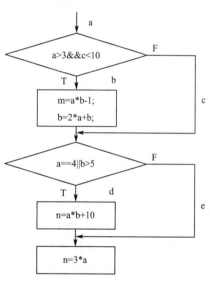

图 2-5 函数 Test1 的流程图

测试用例设计,要满足 Test1 函数的语句覆盖,每个路径都需要被执行,被执行的路径应该是 abd,只需要设计一个测试用例就可以覆盖程序中所有可执行语句。表 2-2 为语句覆盖的测试用例。

表 2-2 程序 Test1 函数语句覆盖的测试用例

ID	输入			预期输入		通过路径	语句覆盖率
	a	b	c	m	n		
SC-001	4	5	5	19	12	abd	100%

测试分析:

优点:可以直观地从源代码得到测试用例,无须分析每个判定结点。

缺点:首先,覆盖不了判定节点,会无法识别因控制流结构引起的缺陷。其次,发现不了逻辑运算中的错误,检验不充分。在本例中,若把 a>3&&c<10 错写成 a>3||c<10,本测试用例仍然满足语句覆盖,却检查不了这个缺陷。

2. 判定覆盖(Decision Coverage,DC)

判定覆盖也称为分支覆盖,设计若干测试用例,运行被测程序,使得每个判定分支的取真(True)和取假(False)至少被执行一次。

判定路径覆盖率的公式:

判定路径覆盖率(DCP)=被判定到的路径数/判定路径总数×100%

优点:判定覆盖比语句覆盖至少多出一倍的测试路径,自然比语句覆盖的测试能力强大一些。

缺点:判定覆盖虽然把程序所有分支都覆盖了,但主要对整个表达式进行取值,忽略了表达式内部取值。

判定覆盖的测试用例见表 2-3。

表 2-3   判定覆盖的测试用例

ID	输入			预期输入		通过路径	语句覆盖率
	a	b	c	m	n		
DC-001	4	5	5	19	12	abd	100%
DC-002	2	5	5	0	12	ace	100%

测试分析:

优点:两个测试用例不仅满足了判定覆盖,还满足了语句覆盖。

缺点:仍然无法判定内部条件的错误。在本例中,若把 b>5 错写成 b<5,本测试用例执行仍不受影响,无法检查判定内的条件。

3. 条件覆盖(Condition Coverage,CC)

条件覆盖要求能够保证程序中每个复合判定表达式的每个简单判定条件的取真(True)和取假(False)至少被执行一次。与判定覆盖相比较,条件覆盖增加了对符合判定情况的测试,增加了测试路径。要达到条件覆盖就得有足够多的测试用例,满足了条件覆盖不一定能保证满足判定覆盖和语句覆盖。

测试用例分析,按照程序结构,得到两个判定(a>3&&c<10,a= =4||b>5),4 个条件(a>3,c<10,a= =4,b>5),取真为 T,取假为 F。4 个逻辑判定条件的取值对整个判定点的影响见表 2-4,根据 4 个条件产生的至少满足一次条件覆盖的测试用例见表 2-5。

表 2-4   逻辑判定条件的取值对整个判定点的影响

组合	C1	C2	C1&&C2	C3	C4	C3||C4	通过路径
1	T	T	T	T	T	T	abd
2	F	F	F	F	F	F	ace
3	T	F	F	F	F	T	acd
4	F	T	F	F	T	T	acd

表 2-5　　　　　　　　　　　　条件覆盖的测试用例

ID	输入			预期输入		通过路径	覆盖分支	语句覆盖率
	a	b	c	m	n			
CC-001	4	5	5	19	12	abd	bd	100％
CC-002	2	5	5	2	12	ace	ce	100％
CC-003	2	6	5	11	6	acd	cd	100％
CC-004	4	5	15	19	12	acd	cd	100％

测试分析：

CC-001 和 CC-002 不仅覆盖了 4 个条件可能产生的 8 种情况，而且将 4 个分支 b、c、d、e 都覆盖了，同时达到了条件覆盖和判定覆盖，但并不能肯定说满足条件覆盖就一定满足判定覆盖。CC-003 和 CC-004 虽然满足条件覆盖，但是只覆盖了第一个判定中取假分支 c 和取真分支 d，无法满足判定覆盖。

4. 条件/判定覆盖(Condition/Decision Coverage, C/DC)

条件/判定覆盖是指设计足够的测试用例，使得判定中的每个条件的所有可能(真/假)至少出现一次，并且每个判定本身的判定结果也至少出现一次。

条件/判定覆盖公式：

条件/判定覆盖率(C/DCP)＝被判定到的条件取值和判定分支的数量/(条件取值总数＋判定分支总数)×100％

缺点：没有考虑到单个判定对整体结果的影响，无法发现逻辑错误。

测试用例设计：

根据条件/判定覆盖的定义，只需要取 CC-001 和 CC-002 就可以覆盖程序中 4 个条件的 8 种取值以及 4 个判定分支达到覆盖要求。

分析：虽然从表面上看，条件/判定覆盖测试了各个判定中的所有条件的取值，但是，编译器在检查多个条件的逻辑表达式时，某些条件会被隐藏起来，不一定能检查出来。比如条件：a＞3＆＆c＜10，如果 a＞3 为假，编译器将不检查 c＜10 这个条件，即使 c＜10 有错误也无法发现。

5. 条件组合覆盖(Condition Combination Coverage, CCC)

条件组合覆盖也称为多条件覆盖，是指设计足够多的测试用例，使得每个判定中条件的各自可能组合至少出现一次。满足条件组合覆盖一定满足判定覆盖、条件覆盖和条件/判定覆盖。

条件组合覆盖公式：

条件组合覆盖率(CCCP)＝被判定到的条件取值组合的数量/条件取值组合的总数×100％

缺点：当判定语句较多时，条件组合值比较多。

测试用例分析：

Test1 函数中两个判定(a＞3＆＆c＜10,a＝＝4||b＞5)的所有条件取值见表 2-6。条件组合覆盖的测试用例见表 2-7。

表 2-6   两个判定分支的取值情况

组合	C1	C2	C1&&C2	C3	C4	C3||C4
1	T	T	T	T	T	T
2	T	F	F	T	F	T
3	F	T	F	F	T	T
4	F	F	F	F	F	F

表 2-7   条件组合覆盖的测试用例

ID	输入			预期输入		通过路径	覆盖分支	覆盖组合号
	a	b	c	m	n			
CCC-001	4	6	5	23	12	abd	bd	1
CCC-002	4	5	15	0	6	acd	ce	2
CCC-003	2	6	5	0	6	acd	cd	3
CCC-004	4	5	15	0	6	ace	cd	4

分析:表 2-7 中测试用例覆盖了所有 8 种条件取值组合,覆盖了所有判定的真假分支,但是仍旧丢失了一条路径 abe。

6. 修正条件/判定覆盖(Modified Condition/Decision Coverage, MD/CC)

修正条件/判定覆盖要求判定(由条件和零个或多个布尔操作符组成的布尔表达式)中的每一个条件(不含布尔操作符的布尔表达式)的所有可能结果至少出现一次。每个判断的所有结果至少出现一次,每个程序模块的入口点和出口点都至少被调用一次,且每个条件都能单独影响判定的结果。多用在国防、航空等领域。

由此可以总结,逻辑覆盖法中,语句覆盖、判定覆盖、条件覆盖、条件/判定覆盖、条件组合覆盖具有相互包含的关系,其中语句覆盖最弱,依次增强,条件组合覆盖效果最好。

2.3.2   基本路径测试

基本路径测试法就是在程序控制流图的基础上,通过分析控制构造的环路复杂度,导出基本可以执行路径集合,从而设计测试用例的方法。

设计的测试用例要保证在测试程序中的每个可执行语句至少被执行一次。

基本路径测试方法包括以下四个步骤:

①根据程序设计画出程序的控制流图(控制流图是描述程序控制流的一种图示方法)。

②计算程序的环路复杂度。通过环路复杂度可以导出程序基本路径集合中的独立路径条数,由此可以确定每个可执行语句至少执行一次所必需的测试用例数目的上限。

③导出基本路径集,确定程序的独立路径。

④设计测试用例,确保基本路径集中每一条路径的执行。

控制流图是描述程序控制流的一种图示方法。只用两种符号即可描述。圆圈用来描述节点,代表一条或者多条无分支的语句;箭头代表控制流,称为边或连接。如图 2-6 所示。

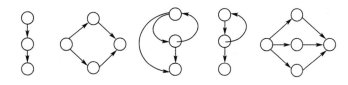

(a)顺序结构　(b)if选择结构　　(c)while循环结构　(d)until循环　　(e)case多分支

图 2-6　控制流图

在将程序流程图简化为控制流图时,应重点注意以下问题:

- 在选择或多分支结构中,分支的汇聚处应有一个汇聚点。
- 边和节点围成的圈称为区域,当对区域计数时,图形外的区域也应记为一个区域。
- 如果判断中的条件表达式是由一个或多个逻辑运算符(OR、AND、NAND、NOR)连接的复合条件表达式时,则需要改为一系列只有单条件的嵌套的判断。

逻辑图如图 2-7 所示。

例如:

1 if a or b

2　　x;

3 else

4　　y;

【案例分析】为更好地说明基本路径测试法,下面以一段简单的 C 代码片段为例,源程序如下:

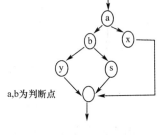

a,b为判断点

图 2-7　逻辑图

```c
void Test2(int a,int b)
{
    int m=0,n=0;
    while(a>0)
    {
        if(b==0)
        {
            m=n+2;
        }
        else
        {
            if(b==1)
            {
                m=n+5;
            }
            else
            {
                m=n+10;
            }
        }
    }
}
```

```
    return m;
}
```

步骤一：画出函数 Test2 的流程图，如图 2-8 所示。根据流程图画出函数 Test2 的控制流图，如图 2-9 所示。

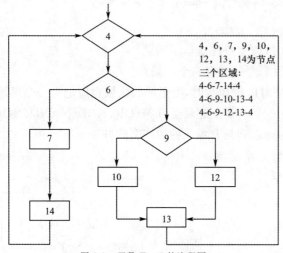

4, 6, 7, 9, 10,
12, 13, 14为节点
三个区域：
4-6-7-14-4
4-6-9-10-13-4
4-6-9-12-13-4

图 2-8   函数 Test2 的流程图

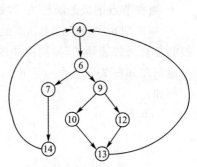

图 2-9   函数 Test2 的控制流图

步骤二：计算环路复杂度

通过计算环路复杂度就可以得到基本路径集中的独立路径数目，这是确保程序中每个可以执行语句至少被执行一次所必需的测试用例数目的上限。

计算环路复杂度通常使用三种方式：

(1)公式法

$$V(G) = e + n + 2$$

其中，e 为控制流图中边的数目，n 表示图中节点的总数。图 2-9 中，$V(G) = 10 - 8 + 2 = 4$，环路复杂度为 4。

(2)节点判定法

依据程序代码中，独立判定点的数目 +1 计算得出环路复杂度。图 2-9 中，$V(G) = 3 + 1 = 4$。

(3)观察法

观察控制流图中区域的数目 +1 即环路复杂度。图 2-9 中，区域数量为 3，所以 $V(G) = 3 + 1 = 4$。

步骤三：确定独立路径

依据环路复杂度，可以得到 4 个独立的路径。$V(G)$ 数目正好等于独立路径的数目。

路径 1：4-14

路径 2：4-6-7-14

路径 3：4-6-9-10-13-4-14

路径 4：4-6-9-12-13-4-14

步骤四：设计测试用例

由步骤三得到独立路径的条数，就可以设计测试用例了。为了确保基本路径集中的每一条路径的执行，根据判定节点给出的条件，选择适当的数据以保证某一条路径可以被测试到，本例中，满足基本路径的测试用例见表 2-8。

表 2-8　　　　　　　　　函数 Test2 的基本路径测试用例

ID	输入		输出		路径
	a	b	m	n	
BP-001	0	0	0	0	1
BP-002	1	0	2	0	2
BP-003	1	1	5		3
BP-004	1	2	10	0	4

每个测试用例执行后与预期结果进行比较，完成后，就可以确信程序中所有可以执行的语句至少被执行了一次。

2.3.3　白盒测试策略

在软件开发过程的不同阶段，研发组可能都需要进行白盒测试。使用白盒测试技术进行测试的策略如下：

①在测试中，应尽量先用测试工具进行静态结构分析。

②在测试中，可以采用先静态后动态的组合方式，先进行静态结构分析、代码检查和静态质量度量，再进行覆盖率测试。

③利用静态分析的结果作为引导，通过代码检查和动态测试的方式对静态分析结果进一步确认，使测试工作更为有效。

④覆盖率测试是白盒测试的重点，一般可以使用独立路径测试法达到语句覆盖标准；对于软件重点模块，应使用多种覆盖率标准衡量代码的覆盖率。

⑤在不同的测试阶段，测试的侧重点会有所不同。在单元测试阶段，以代码检查、逻辑覆盖为主；在集成测试阶段，需要增加静态结构分析、静态质量度量；在系统测试阶段，应根据黑盒测试的结果，采取相应的白盒测试。

下面是策略的一种：

（1）自我检查

简述：程序员实现指定功能后，在进行单元测试之前，对源代码进行初步检查。

重点：语句的使用等是否符合编码规范，并根据编码规范调整自己的代码以符合编码规范的要求。

参与人员：开发人员。

（2）单元测试

简述：又称模块测试。在传统结构化编程中，以一个函数、过程为一个单元；在面向对象的编程中，一般把类作为单元进行测试。

重点:采用白盒测试和黑盒测试相结合的方法。

参与人员:专门的白盒测试人员。

(3)代码评审

简述:在编码初期或编写过程中采用一种有同行参与的评审活动。

重点:通过组织或同其他程序员共同查看程序,可以找出问题,使大家的代码风格一致或遵守编码规范。

方法:大家共同阅读代码或由程序编写者讲解代码,同其他同行边听边分析问题。

参与人员:全体开发小组。

(4)同行评审

简述:引用CMM(能力成熟度模型)中的术语,如用在评审源代码上,就是代码评审;在同行评审中,由软件工作产品创建者的同行们检查该工作的产品,识别产品的缺陷,改进产品的不足。

目的:检验工作产品是否满足了以往的工作产品中建立的规范,如需求或设计文档;识别工作产品相对于标准的偏差,包括可能影响软件可维护性的问题;向创建者提出改进建议;促进参与者之间的技术交流和学习。

参与人员:程序员、设计师、单元测试工程师、维护者、需求分析师、编码标准专家(此为CMM标准中提出的参与角色,可根据实际情况调整,至少需要开发人员、测试人员、设计师参与)。

(5)代码走查

简述:由测试小组组织或者专门的代码走查小组进行代码走查,这时需要开发人员提交有关的资料文档和源代码给走查人员,并进行必要的讲解。代码走查往往根据代码检查单来进行,代码检查单常常是根据编码规范总结出来的一些条目。

目的:检查代码是否是按照编码规范来编写的。当然,代码走查的最终目的是发现代码中潜在的错误和缺陷。

重点:把材料(需求描述文档、程序设计文档、程序的源代码清单、代码编码标准、代码缺陷检查表等)发给走查小组每个成员,让他们认真研究程序。

开会,让与会者"充当"计算机,让测试用例沿程序的逻辑运行一遍,随时记录程序的踪迹,供分析和讨论,发现更多的问题。

参与人员:测试人员(一般不让代码的创建者参与)。

代码检查速度建议:C代码150行/小时,C++/Java 200～300行/小时。

2.4　黑盒测试

黑盒测试(Black-Box Testing),也称为功能测试、行为测试或数据驱动测试,是软件测试中最为重要的基本测试方法之一。在软件测试的过程中占有非常重要的地位。黑盒测试的基本方法有等价类划分法、边界值分析法、决策表法和因果图法等。

黑盒测试属于功能测试,是从用户角度出发,依据规格说明书,重点测试软件的功能需求,对程序功能和接口进行测试,发现以下错误:

①功能不正确或有遗漏。

②界面不符合规格说明书要求。

③数据结构错误或访问数据库错误。

④性能不能满足需求。

⑤初始化和终止错误。

黑盒测试以规格说明书为依据,关注的是程序的功能是否都已经实现,每个功能是否都能正常使用,满足用户的需求。因此,如果规格说明书有误,黑盒测试是发现不了的。

黑盒测试只有两种测试结果:通过测试和测试失败。黑盒测试的步骤如下:

1. 测试计划

根据需求说明书中描述的功能和性能指标的规格说明书定义测试计划,后续的测试工作都依据该计划执行,计划包括测试内容、选择的方法、人员安排、测试时间以及相关资源配置等。

2. 测试设计

依据测试计划,分解、细化测试执行过程,结合测试方法,为每个测试任务编写测试用例。

3. 测试开发

建立可重复使用的测试用例或者开发用于自动化测试的测试脚本。

4. 测试执行

依照设计的测试用例执行测试,并对发现的缺陷进行跟踪和管理。

5. 测试评估

结合量化的测试覆盖率及测试缺陷跟踪,对测试团队的工作及软件质量做出综合评价,并完成测试报告。

黑盒测试的优点与缺点:

(1)优点

①针对性强,定位问题准确。

②可以明确被测对象(软件系统或产品)是否达到用户要求的功能。

③可以将测试中性能测试的部分交由自动化工具完成。

(2)缺点

①对测试人员要求较高,需要测试人员经验丰富、技术娴熟。

②大部分需要手工测试。

③涉及大量文档资料,需要测试人员去编制和管理。

2.4.1　等价类划分法

等价类划分法是黑盒测试中最典型的测试方法。等价类是指把程序的输入集合划分为若干个互不相交的子集。所谓等价类,是指输入域的某个子集合,体现了完备性和冗余性的特点。从每一个等价类中取一个数据作为测试的输入条件,就可以用少量有代表性的测试数据取得较好的测试效果。

1. 等价类的两种情况

等价类划分有两种情况,有效等价类和无效等价类。

(1)有效等价类

有效等价类是指对软件规格说明而言,是由合法且有意义的输入数据组成的集合。利用有效等价类,可以检验程序是否实现了规格说明预先定义的功能和性能。

(2)无效等价类

无效等价类是指对软件规格说明而言,是由不合理或无意义的输入数据组成的集合。利用无效等价类,可以检验程序的实现是否有不符合规格说明预先定义的功能的地方。

2. 等价类划分原则

具体操作时,可以依据以下原则进行划分:

(1)在输入条件规定的取值范围或值的个数确定的情况下,可以确定一个有效等价类和两个无效等价类。

(2)在规定了输入数据的一组值中(假定有 n 个值),并且在程序要对每个输入值分别处理的情况下,可以确定 n 个有效等价类和一个无效等价类。

(3)在规定输入数据必须遵守的规则的情况下,可以确定一个有效等价类和若干个无效等价类。

(4)在输入条件规定了输入值的集合或规定了"必须如何"的条件下,可以确定一个有效等价类和一个无效等价类。

(5)在确定已划分的等价类中各元素在程序处理中的方式不同的情况下,则应将该等价类进一步划分为更小的等价类。

3. 等价类测试用例设计

(1)采用等价类划分法设计测试用例的步骤:

①按照[输入条件][有效等价类][无效等价类]建立等价类表,列出所有划分出的等价类。

②为每一个等价类规定唯一的编号。

③设计一个新的测试用例,使其尽可能多地覆盖尚未被覆盖的有效等价类,重复这一步,直到所有的有效等价类都被覆盖为止。

④设计一个新的测试用例,使其仅覆盖一个尚未被覆盖的无效等价类,重复这一步,直到所有的无效等价类都被覆盖为止。

(2)实例分析

用等价类划分法为下面程序进行测试用例设计。

程序规定:输入三个整数 a、b、c 分别作为三边的边长,构成三角形。通过程序判定所构成的三角形的类型或不能构成三角形(非三角形)。当此三角形为一般三角形、等腰三角形及等边三角形时给出提示。

分析题目中给出的和隐含的输入条件,我们得出本程序的等价类表,见表2-9。

表 2-9　　　　　　　　　　　　程序三角形问题的等价类

输入条件	等价类划分			
	有效等价类	编号	无效等价类	编号
能否构成 三角形	a＞0	（1）	a<=0	（7）
	b＞0	（2）	b<=0	（8）
	c＞0	（3）	c<=0	（9）
	a＋b＞c	（4）	a＋b<=c	（10）
	b＋c＞a	（5）	b＋c<=a	（11）
	a＋c＞b	（6）	a＋c<=b	（12）
是否等腰 三角形	a＝b	（13）	!= b&&b! =c&&c! =a	（16）
	b＝c	（14）		
	c＝a	（15）		
是否等边 三角形	a==b&&b==c&&c=a	（17）	a! ＝b	（18）
			b! ＝c	（19）
			c! ＝a	（20）

依据表 2-9,设计测试用例,见表 2-10。

表 2-10　　　　　　　　　　程序三角形问题的等价类测试用例

测试用例编号	输入(a,b,c)	预期输出	覆盖等价类
ECD-01	3,4,5	一般三角形	（1）,（2）,（3）,（4）,（5）,（6）
ECD-02	0,1,2	非三角形	（7）
ECD-03	1,0,2		（8）
ECD-04	1,2,0		（9）
ECD-05	1,2,3		（10）
ECD-06	1,3,2		（11）
ECD-07	3,2,1		（12）
ECD-08	3,3,4	等腰三角形	（1）,（2）,（3）,（4）,（5）,（6）,（13）
ECD-09	3,4,4		（1）,（2）,（3）,（4）,（5）,（6）,（14）
ECD-10	3,4,3		（1）,（2）,（3）,（4）,（5）,（6）,（15）
ECD-11	3,4,5	非等腰三角形	（1）,（2）,（3）,（4）,（5）,（6）,（16）
ECD-12	3,3,3	等边数据线	（1）,（2）,（3）,（4）,（5）,（6）,（17）
ECD-13	3,4,4,	非等边数据线	（1）,（2）,（3）,（4）,（5）,（6）,（14）,（18）
ECD-14	3,4,3		（1）,（2）,（3）,（4）,（5）,（6）,（14）,（19）
ECD-15	3,3,4		（1）,（2）,（3）,（4）,（5）,（6）,（14）,（20）

2.4.2 边界值分析法

1. 边界值分析法概述

边界值分析法(Boundary Value Analysis,BVA),是一种对等价类划分法的补充技术,它的测试用例来源于等价类的边界。根据实际经验,大量的错误往往发生在输入或输出范围的边界上,而不是输入、输出的内部。因此,针对边界进行测试,有可能会发现更多的错误和缺陷。

在使用边界值分析法设计测试用例时,首先要确定边界,一般情况下,输入和输出的等价类边界都是应该着重测试的边界。选取刚好等于、大于或小于边界的值作为测试数据,而不是选取等价类中典型值或任意值作为测试数据。

2. 设计原则

在使用边界值分析法设计测试用例时,应该遵循以下原则:

①如果输入条件规定了值的范围,则应取刚达到这个范围的边界值,以及刚刚超越这个范围边界值作为测试输入数据。

例如,如果程序的规格说明中规定:质量在 10 千克至 50 千克的邮件,其邮费计算公式为……作为测试用例,我们应取 10 及 50,还应取 10.01,49.99,9.99 及 50.01 等。

②如果输入条件规定了值的个数,则用最大个数、最小个数、比最小个数小 1、比最大个数大 1 的数作为测试数据。

例如,一个仓库可存放 1~300 个零件,则测试用例可取 1 和 300,还应取 0 及 301 等。

③将规则①和②应用于输出条件,即设计测试用例使输出值达到边界值及其左右的值。

例如,某程序的规格说明要求计算出每月公积金扣除额为 0 至 1500.25 元,其测试用例可取 0.00 及 1500.24,还可取－0.01 及 1500.26 等。

再如一程序属于情报检索系统,要求每次"最少显示 1 条,最多显示 4 条情报摘要",这时我们应考虑的测试用例包括 1 和 4,还应包括 0 和 5 等。

④如果程序的规格说明给出的输入域或输出域是有序集合,则应选取集合的第一个元素和最后一个元素作为测试用例。

⑤如果程序中使用了一个内部数据结构,则应当选择这个内部数据结构的边界上的值作为测试用例。

⑥分析规格说明,找出其他可能的边界条件。

3. 实例分析

用边界值分析法为下面程序进行测试用例设计。

程序规定:输入三个数 a、b、c 分别作为长方体的长、宽、高。要求输入的 a、b、c 在 1~50。表 2-11 列出了长方体面积计算程序健壮性边界值分析测试用例。

表 2-11　　　　　长方体面积计算程序健壮性边界值分析测试用例

测试用例编号	输入			预期输出
	a	b	c	
BVA-01	20	30	0	c 超出[1,50]
BVA-02	20	30	5	3000
BVA-03	20	30	10	6000
BVA-04	20	30	51	c 超出[1,50]
BVA-05	20	0	5	b 超出[1,50]
BVA-06	20	1	5	100
BVA-07	20	40	5	4000
BVA-08	20	50	5	5000
BVA-08	20	51	5	b 超出[1,50]
BVA-10	0	30	5	a 超出[1,50]
BVA-11	1	30	5	150
BVA-12	2	30	5	300
BVA-13	20	30	5	3000
BVA-14	50	30	5	7500
BVA-15	51	30	5	a 超出[1,50]

2.4.3　决策表法

1. 决策表概述

决策表又称判断表,是一种呈表格状的图形工具,适用于描述处理判断条件较多、各条件又相互组合、有多种决策方案的情况。精确而简洁描述复杂逻辑的方式,将多个条件与这些条件满足后要执行的动作相对应。但不同于传统程序语言中的控制语句,决策表能将多个独立的条件和多个动作之间的联系清晰地表示出来。

决策表是软件黑盒测试方法中逻辑性最强、最严格的测试方法,是分析多种逻辑条件下执行不同操作的技术。在程序开发初期,决策表作为程序编写的辅助工具来使用。使用决策表可以把复杂的逻辑关系和多种条件组合情况全部列举并表达明确。因此,使用决策表法设计测试用例可以设计出完整的测试用例集合。

决策表适合以下特征的应用程序:

①if-then-else 分支逻辑突出。

②输入变量之间存在逻辑关系。

③涉及输入变量子集的计算。

④输入与输出之间存在因果关系。

⑤很高的圈复杂度。

2. 决策表构成

决策表由四个部分组成,如图 2-10 所示。

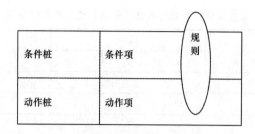

图 2-10   决策表构成

（1）条件桩

列出了问题的所有条件。

（2）动作桩

列出了问题规定可能采取的操作。

（3）条件项

列出针对它所列条件的取值,在所有可能情况下的真假值。

（4）动作项

列出在条件项的各种取值情况下应该采取的动作。

规则:任何一个条件组合的特定取值及其相应要执行的操作称为规则。在决策表中,条件项和动作项的交叉列就是规则。显然,决策表中列出多少组条件取值,就有多少个规则。

决策表中具有 n 个条件的有限条目决策表有 2^n 个规则。

3. 决策表设计测试用例

使用决策表法设计测试用例的步骤:

①确定规则个数。

②列出所有的条件桩和动作桩。

③填入条件项。

④填入动作桩和动作项,得到初始判定表。

⑤化简,合并相似规则。

⑥依据判定表,选择测试数据,设计测试用例。

实例分析:

用决策表法为下面程序进行测试用例设计。

程序规定:输入三个整数 a、b、c 分别作为三边的边长,构成三角形。通过程序判定所构成的三角形的类型或不能构成三角形(非三角形)。当此三角形为一般三角形、等腰三角形及等边三角形时给出提示。

分析如下:

①三角形问题的规则:三角形问题有 4 个条件,每个条件取 2 个值,共 $2^4 = 16$ 种规则。

②条件桩

C1:a,b,c 构成三角形(a+b＞c,a+c＞b,b+c＞a)

C2:a=b

C3:a=c

C4:b=c

③动作桩

A1:非三角形

A2:一般三角形

A3:等腰三角形

A4:等边三角形

A5:不可能

④填入简化后得到三角形问题的决策表,见表 2-12。

表 2-12　　　　　　　　　　三角形问题的简化后决策表

选项		规则								
		9	1	2	3	4	5	6	7	8
条件	C1:a+b>c	N	Y	Y	Y	Y	Y	Y	Y	Y
	C2:a+c>b	—	N	Y	Y	Y	Y	Y	Y	Y
	C1:b+c>a	—	—	N	Y	Y	Y	Y	Y	Y
	C4:a=b	—	Y	Y	Y	Y	N	N	N	N
	C5:a=c	—	Y	Y	N	N	N	N	N	N
	C6:b=c	—	Y	N	Y	N	Y	N	Y	N
动作	A1:非三角形	√								
	A2:一般三角形									√
	A3:等腰三角形					√		√	√	
	A4:等边三角形		√							
	A5:不可能			√	√		√			

使用决策表,得到 11 个测试用例,见表 2-13。

表 2-13　　　　　　　　　　三角形问题的决策表测试用例

测试用例编号	输入			预期输出
	a	b	c	
CT-01	4	1	2	非三角形
CT-02	1	4	2	非三角形
CT-03	1	2	4	非三角形
CT-04	5	5	5	等边三角形
CT-05	/	/	/	不可能
CT-06		/	/	不可能
CT-07	2	2	3	等腰三角形
CT-08	/	/	/	不可能
CT-09	2	3	2	等腰三角形
CT-10	3	2	2	等腰三角形
CT-11	3	4	5	不等边三角形

通过案例分析,我们发现决策表最大的优点就是,它能把复杂的问题列举出来,简单而且容易理解,还能避免遗漏。但是对于逻辑性不强、不需要大量决策的问题就不适用。由此,可以断定,决策表法适用于以下情况:

①规格说明以决策表形式给出,或是很容易转换成判定表。

②条件的排列顺序不会也不应影响执行哪些动作。

③规则的排列顺序不会也不应影响执行哪些动作。

④当某一规则的条件已经满足,并确定要执行的动作后,不必检验别的规则。

⑤如果某一规则得到满足要执行多个动作,则这些动作的执行顺序无关紧要。

在实际的操作中,我们要根据情况灵活使用,设计出高效的测试用例来。

2.4.4　因果图法

因果图法是一种利用图解法分析输入的各种组合情况,从而设计测试用例的方法,它适合于检查程序输入条件的各种组合情况。等价类划分法和边界值分析法都着重考虑输入条件,但没有考虑输入条件的各种组合、输入条件之间的相互制约关系。这样虽然各种输入条件可能出错的情况已经测试到了,但多个输入条件组合起来可能出错的情况却被忽视了。

如果在测试时必须考虑输入条件的各种组合,则可能的组合数目将是天文数字,因此必须考虑采用一种适合于描述多种条件的组合、相应产生多个动作的形式来进行测试用例的设计,这就需要利用因果图(逻辑模型)。

因果图法是从需求中找出因(输入条件)和果(输出或程序状态的改变),通过分析输入条件之间的关系(组合关系、约束关系等)及输入和输出之间的关系绘制出因果图,再转化成判定表,从而设计出测试用例的方法,该方法主要适用于各种输入条件之间存在某种相互制约关系或输出结果依赖于各种输入条件的组合时的情况。

1.4 种符号

在因果图中,使用 4 种符号表示 4 种因果关系,如图 2-11 所示。

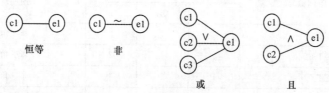

图 2-11　因果图基本符号

①用直线连接左、右节点。

②c1:原因(输入状态)。

③e1:结果(输出状态)。

④恒等:原因、结果同时出现。

⑤非~:原因出现,结果不出现;原因不出现,结果出现。

⑥或∨:原因出现 1 个,结果就出现;原因都不出现,结果就不出现。

⑦且∧:原因都出现,结果才出现。

2.4 种约束

在实际问题中,为了表示原因与原因之间、结果与结果之间可能存在的约束条件,因果图中还附加一些表示约束条件的符号,如图 2-12 所示。

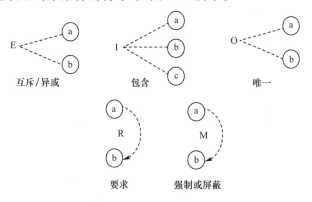

图 2-12 因果图约束符号

约束符号亦包含多种类型,根据"从输入考虑"和"从输出考虑"两方面进行归类如下:

(1)从输入考虑

E(互斥/异或):表示 a、b 两原因不会同时成立,最多一个能成立。

I(包含):a、b、c 三个原因中至少有一个必须成立。

O(唯一):a、b 当中必须有一个,且仅有一个成立。

R(要求):当 a 出现时,b 必须也出现;不可能 a 出现,b 不出现。

(2)从输出考虑

M(强制或屏蔽):a 是 1 时,b 必须是 0;a 是 0 时,b 的值不定。

3. 因果图设计测试用例

(1)使用因果图设计测试用例的步骤

①分析软件规格说明描述中哪些是原因(即输入条件或输入条件的等价类),哪些是结果(即输出条件),并给每个原因和结果赋予一个标识符。

②分析软件规格说明描述中的语义,找出原因与结果之间,原因与原因之间对应的关系,根据这些关系,画出因果图。

③由于语法或环境限制,有些原因与原因之间、原因与结果之间的组合情况不可能出现,为表明这些特殊情况,在因果图上用一些记号表明约束或限制条件。

④把因果图转换为决策表。

⑤把决策表的每一列拿出来作为依据,设计测试用例。

(2)实例分析

用因果图法为下面程序进行测试用例设计。

程序规定:输入第一个字符必须是 X 或者 G,第二个字符必须是一个数字,符合要求就可以对文件进行修改;如果第一个字符不是 X 或者 G,则给出信息 F,第二个字符不是数字,则给出信息 N。

测试用例设计如下:

①分析规格说明书,找出原因和结果。

- 原因

C1:第一个字符是 X。

C2:第一个字符是 G。

C3:第二个字符是一个数字。

- 结果

e1:给出信息 F。

e2:修改文件。

e3:给出信息 N。

②找出原因和结果之间的因果关系,画出因果图,如图 2-13 所示。11 是导出结果的进一步原因。

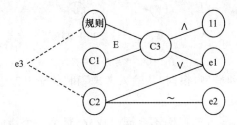

图 2-13　因果图

③将因果图转换为决策表。

根据图 2-13 分析,C1 与 C2 不能同时为 1,所以可以设计 6 种取值,见表 2-14。

表 2-14　　　　　　　　　　　　　　决策表

选项		规则							
		8	1	2	3	4	5	6	7
原因 (条件)	C1	1	1	1	1	0	0	0	0
	C2	1	1	0	0	1	1	0	0
	C3	1	0	1	0	1	0	1	0
	11			1	1	1	1	0	0
结果 (动作)	e1							√	√
	e2			√		√			
	e3				√		√		

④通过决策表设计测试用例的输入和预期输出。

根据决策表分析,C1 与 C2 不能同时为 1,所以可以设计 6 种取值,得到测试用例,见表 2-15。

表 2-15　　　　　　　　　　　　　　测试用例

测试用例编号	输入数据	预期输出
CR-01	X3	修改文件
CR-02	XE	给出信息 F

（续表）

测试用例编号	输入数据	预期输出
CR-03	G6	修改文件
CR-04	GQ	给出信息 N
CR-05	43	给出信息 F
CR-06	DC	给出信息 F 和信息 N

在实际的应用中,因果图对于解决复杂问题可以起到非常重要的作用,可以帮助输入条件的各种组合,设计出高效、非冗余的测试用例。

2.4.5　黑盒测试策略

黑盒测试着眼于程序外部结果,不考虑内部逻辑结构,针对软件界面和软件功能进行测试。主要的方法有:等价类划分法、边界值分析法、决策表法和因果图法等,共同特点是将程序看作一个打不开的黑盒,设计测试用例进行确认测试。在实际测试中,往往需要综合各种方法才能有效提高测试效率和测试覆盖度,需要掌握方法的原理,积累更多的测试经验以提高测试水平。

下面提供一些黑盒测试方法的选择策略,读者可以在实际操作中借鉴参考。

①进行等价类划分,包括输入条件和输出条件的等价类划分,将无限测试变成有限测试,这是减少工作量和提高测试效率的最有效方法。

②在任何情况下,都必须使用边界值分析法,实践经验也表明,使用边界值法设计出的测试用例发现程序的错误能力最强。

③有时候需要用错误推测法设计一些测试用例,但是需要靠测试工程师的经验和技术能力。

④检测已经设计出的测试用例的覆盖度,若没有达到覆盖要求,需要单独再追加一些测试用例。

⑤如果程序的功能说明书中含有条件的组合情况,设计用例时就应该立刻想到用因果图法和决策表法。

⑥对于需要进行配置参数的程序,要用到正交实验法选择较少的组合方式达到最佳效果。

2.5　其他测试技术

2.5.1　基于经验的测试技术

基于经验测试的测试用例来源于测试人员的技巧、直觉,和他们在类似应用上的经验和技术。如果作为系统测试技术,基于经验的技术对正式的技术很难发现的问题有很好的效果,特别是在更正式的方式之后使用。然而这项技术可能会产生不同的效果,这取决于测试人员的经验。

一个常用的基于经验的技术是错误猜测。通常测试人员根据经验预测缺陷。一个结构的错误猜测技术方法是列举出一个可能错误的列表,然后设计用例攻击这些错误。这个系统化的方法被称为错误攻击。这些缺陷和错误列表可以根据经验、已有缺陷和故障数据构造,也可以根据软件失败的一般原因构造。

探索性测试同时进行测试设计、测试执行、测试记录和学习,它基于一个包含测试目标的测试纲领,在时间许可范围内实施。当缺少规格文档或者时间压力很大时,或者对正式测试进行补充时,它是一种最有效的方法。它作为对测试流程的检查,协助确认大部分已被发现的严重缺陷。

2.5.2　选择测试技术

与基于经验的测试方法相比,选择性测试技术更注重测试技术策略的考量,测试策略是一组指导测试设计和测试技术选择的想法。它通常概述了测试目标和实施方法,并提供了技术选择的依据。

总体而言,优秀的测试策略具有如下四个特征:

(1)产品相关

好的测试策略总是根据产品的特点进行有针对性的测试。

(2)聚焦风险

测试人员需要分析项目环境、产品元素、质量要求等方面的潜在问题,让测试过程可以探测其中的重要风险。

(3)多种多样

软件、业务和用户行为是高度复杂的,任何单一的测试手段都存在盲点。测试人员需要综合多种差异化的测试手段,从各个角度考验软件。

(4)讲求实用

测试策略受到测试使命、被测对象、测试资源等因素的影响和约束。一个过于简单的测试策略不适合复杂的产品,而一个繁重的测试策略也不适合资源紧张的项目。测试人员要平衡各种因素,让测试策略可以充分利用现有资源,对项目做出尽可能大的贡献。

简单地说,在有限的测试资源的约束下,将根据实际情况,基于基本测试方法,选择好的测试策略,将对测试起到事半功倍的作用。

习题 2

一、选择题

1.按软件测试技术划分,软件测试类型为(　　)。

A.单元测试、集成测试、系统测试　　　　B.黑盒测试、白盒测试、灰盒测试

C.覆盖测试、路径测试　　　　　　　　　D.人工测试和自动化测试

2.关于逻辑测试覆盖的方法中,测试覆盖最强的是(　　)。

A.条件/组合覆盖　　　　　　　　　　　B.语句覆盖

C.条件覆盖　　　　　　　　　　　　　　D.判定/条件覆盖

3. 下列方法中,( )不是环路复杂度计算的方法。

A. 边的条数和节点围起的区域就是环路复杂度

B. 判定节点的数目＋1

C. 边和节点围成的区域数目

D. 控制流图中边的数目－节点数目＋2

4. 黑盒测试一般是从( )执行的。

A. 设计人员的角度　　　　　　　　B. 开发人员的角度

C. 最终用户的角度　　　　　　　　D. 以上都是

5. 等价类划分法只要求选择( )。

A. 一个或多个测试用例　　　　　　B. 无穷多测试用例

C. 一个测试用例　　　　　　　　　D. 以上都不是

6. 决策表由( )和动作项四个部分组成。

A. 条件桩、动作桩、条件项　　　　B. 输入条件项、输出条件桩、动作桩

C. 条件桩、输出条件桩、动作桩　　D. 条件桩、动作桩、输入/输出项

7. 在因果图测试用例设计法中,关系符号有恒等、非和( )。

A. 或、且　　　　　　　　　　　　B. 强制

C. 或、强制　　　　　　　　　　　D. 以上都不是

二、简答题

1. 简述软件测试的分类划分。

2. 简述软件测试模型及其区别。

3. 什么是白盒测试? 其中逻辑覆盖法具体包括哪些覆盖? 特点各是什么?

4. 简述基本路径测试的基本步骤。

5. 什么是黑盒测试? 常用的设计方法有哪些? 与白盒测试的主要区别是什么?

6. 在黑盒测试中,使用因果图测试用例设计步骤具体是什么?

第3章

测试用例设计

什么是测试用例？为什么要用测试用例？如何设计规范的测试用例？本章将详细介绍测试用例的设计原则、编写标准、评价标准和测试用例的管理方法。

主要内容

- 测试用例的定义
- 测试用例的设计标准和原则
- 测试用例的设计实例
- 测试用例的执行与管理

能力要求

- 能够理解测试用例的定义与用途
- 理解测试用例编写的标准、原则
- 能够针对具体项目，编写有效的测试用例
- 能够使用测试管理工具管理测试用例

3.1　测试用例的基本概念

由于软件自身的特殊性，在软件测试中，穷尽测试是无法实现的，要高效、准确地发现软件存在的错误和缺陷，就必须精心设计少量的测试数据，通过输入测试数据，对比分析预期结果与实际结果，从而给出被测对象（或软件系统）是否满足某个特定需求的评价。

测试用例（Test Case）就是为了某个特殊目标而编制的一组测试输入、执行条件以及预期结果的集合，以便测试某个程序是否满足特定的要求。

IEEE 1990 给出如下定义：测试用例是一组测试输入、执行条件和预期结果的集合，要满足一个特定的目标，比如执行一条特定的程序路径或检验规范是否符合一个特定的需求。

从定义上看，测试用例设计的核心有两个方面，一个是测试的内容，即与测试用例相对应的测试需求；二是输入信息，即按照怎样的步骤，对系统输入哪些必要的数据。测试用例的设计难点在于如何通过少量测试数据来有效揭示软件缺陷。

测试用例可以用一个简单的公式来表示：

$$测试用例＝输入＋输出＋测试环境$$

其中,输入是指测试数据和步骤,输出是指系统的预期结果,测试环境是指系统环境设置,包括软件环境、硬件环境和数据,有时还包括网络环境。

3.1.1　测试用例的重要性

测试用例的设计和编制是软件测试活动中最重要的。测试用例构成了设计和制定测试过程的基础。测试用例是测试工作的指导,是软件测试必须遵守的准则,更是软件测试质量稳定的根本保障。

测试用例的重要性主要体现在技术和管理两个方面,就技术而言,测试用例有利于以下方面:

1. 指导测试的实施

测试用例主要用在集成测试、系统测试和回归测试活动中,预先设计好的测试用例可以避免测试的盲目性,使得测试有的放矢,重点突出,大大提高测试效率。

2. 规划测试数据的准备

在实际测试中,测试数据与测试用例通常是分离的,对于人工测试,需要依据测试用例准备若干数据和对应的测试结果,这对测试顺利进行是十分必要的。对于自动化测试,则需要编写测试脚本,测试脚本的设计规格说明就是自动化测试的测试用例。

3. 降低工作强度

使用测试用例便于提高测试效率、节省时间,测试用例也可以做到复用,在软件发生更新后仅需少量修正就可以顺利开展测试工作,大大降低工作强度,缩短测试周期。

从管理层面来看,使用测试用例的重要性有以下几个方面:

1. 便于团队交流

在项目测试活动中,使用统一的测试用例,更加规范测试活动,降低测试的歧义,提高测试效率。

2. 实现重复测试

在软件版本发生更新后,只需稍做修正就可以对新版软件进行测试,还可以通过测试用例区分不同版本测试的差异。

3. 跟踪测试进度

测试用例可以作为检验测试人员工作进度跟踪、工作量统计的主要因素。

4. 质量、缺陷评估

完成测试后,根据测试用例的测试结果,可以方便、准确地统计出测试的覆盖率、合格率、缺陷复现等信息结果。

3.1.2　测试用例的特点

一个完整的测试用例应该具有以下特点:
①能够具备完整性,做到100%的覆盖率。
②能够对测试环境、用户环境之间的差别进行详细描述。
③能够体现业务流程。
④建立的数据能够体现关联性。

⑤测试人员能够看懂测试用例并顺利执行。

⑥使用测试用例模板进行编写。

测试工作量与测试用例的数量成正比,全面并且细化的测试用例,可以准确地估计测试周期内各个阶段的时间安排。

3.2 测试用例的设计要求

测试用例是对一项特定的软件产品及性能测试任务描述,体现测试方案、方法、技术和策略。测试用例的内容应包括测试目标、测试环境、测试输入数据、测试步骤、预期测试结果、测试脚本等,并形成文档。测试用例是将测试行为进行科学的组织和归纳,目的是将软件测试执行转化为可管理的过程,这种模式是将测试具体量化的方法。

测试用例应该与软件开发的编码过程同步进行,由测试工程师进行编写,根据软件需求规格说明的要求,按照功能模块逐一写入测试用例文档中。

测试用例应该包括以下几项内容:

序号:唯一标记某个 Case。

项目:指明具体是软件的哪个模块(或子模块)。

测试过程、预期测试结果、实际测试结果、测试评价、测试者、测试时间和数据等。

3.2.1 测试用例的编写标准

对于不同的测试对象(软件系统),测试用例的设计和编写也应该有不同的侧重点。一般情况下,测试用例的设计编写应该遵从以下三条标准:

1. 测试用例要具有代表性

测试用例中涉及的输入数据、操作和环境设置等应该能够代表并覆盖各自合理的、不合理的,合法的、不合法的,边界的、越界的以及一些极限的信息。

2. 测试结果是可以判定的

每个测试用例都有预期测试结果,这个结果应该是可以判断其正确性的,不能存在二义性,否则就无法判断系统功能是否运行正常。

3. 测试结果是可重现的

测试用例的设计应该保证做到同样的测试用例,系统执行后会得到同样的结果,这称为测试结果重现。这种重现有利于重现测试缺陷,为缺陷快速修复打下基础。

在上述三条标准中,实际操作中最难保证的就是测试用例的代表性,这也是测试用例设计的重点和需要重点关注的内容。在设计中,应该分析出哪些是核心输入数据,通常情况分为三类:正常数据、边界数据和错误数据。测试数据就是从以上三类数据中产生的。

3.2.2 测试用例设计应考虑的因素

一个好的测试用例应该是在投入较少人力、物力的条件下,尽可能发现更多、更严重的至今未被发现的错误和缺陷。具体来说,在设计时应该考虑以下因素:

1. 有效性

由于测试无法做到穷尽性,因此测试用例的设计应该针对被测对象(或软件系统)的主要业务,针对重要数据进行设计,重点放在"程序会在什么情况下失效、程序最不能容忍的情况"等思路上寻找线索,设计测试用例。

2. 可复用性

面对越来越复杂的软件和版本的不断更新,测试用例应该能够满足复用性、可修改性的要求,一方面可以减轻测试工程师的设计工作量,提高测试文档的编写效率,另一方面通过针对不同版本的测试用例,可以很方便收集信息,以便后期进行缺陷分析。

3. 独立性

测试用例应该保证与应用程序完全独立,而且还应与测试人员独立,保证不同的测试人员执行同一测试用例,得到的结果是一样的。

4. 可跟踪性

测试用例应该与用户需求相对应,便于后期评估测试用例对需求的覆盖率。

5. 经济性

使用测试用例进行测试属于动态测试,执行过程对软件、硬件环境、数据、操作人员及执行过程的要求都应满足经济可行的原则。

3.2.3　测试用例的划分

1. 等价类划分法

等价类划分法是把所有可能的输入数据,即程序的输入域划分成若干部分(子集),然后从每一个子集中选取少数具有代表性的数据作为测试用例。该方法是一种重要且使用频率最高的黑盒测试用例设计方法。

在进行测试用例设计时,要同时考虑有效等价类和无效等价类,这样能使软件接受合理的数据,验证合理的功能,也能经受住不合理的意外考验,增强程序的容错能力,确保软件的测试具有更高的可靠性。

(1)有效等价类

有效等价类是指对于程序的规格说明是合理的、有意义的输入数据构成的集合。利用有效等价类可检验程序是否实现了规格说明中所规定的功能和性能。

(2)无效等价类

与有效等价类的定义相反,无效等价类指对程序的规格说明是不合理的或无意义的输入数据所构成的集合。对于具体的问题,无效等价类至少应有一个,也可能有多个。

2. 边界值分析法

边界值分析法是对等价类划分方法的补充,也是黑盒测试方法之一,是对等价类分析方法的一种补充。

在测试工作中得出的经验证明,大量错误发生在输入或输出的边界值上,所以,设计各种边界值的测试用例,可以发现更多 Bug。使用边界值分析法设计测试用例,首先应确定边界情况,通常输入或者输出等价类的边界,着重测试的边界情况,应选取等于或者略大于或者略小于边界的值作为测试数据,而不是选择等价类中的典型值或者任意值作为输入数据。

基于边界值分析法选择测试用例的原则如下：

①如果输入条件规定了值的范围，则应取刚达到这个范围边界的值，或者刚刚超过这个范围边界的值作为测试输入数据。

②如果输入条件规定了值的个数，则用最大个数、最小个数、比最小个数小1、比最大个数大1的数作为测试数据。

③根据规格说明的每个输出条件，使用前面的原则。

④根据规格说明的每个输出条件，应用前面的原则。

⑤如果程序的规格说明给出的输入域或输出域是有序集合，则应选取集合的第一个元素和最后一个元素作为测试用例。

⑥如果程序中使用了一个内部数据结构，则应选择这个内部数据结构的边界上的值作为测试用例。

⑦在分析规格说明书中找出其他可能的边界条件。

测试用例应该包括测试用例表、测试用例清单、测试结果统计表、测试问题表和测试问题统计表、测试进度表和测试总结表等，下面提供的模板，在实际的应用中，大家可以参考，根据测试项目进行灵活应用。

(1)测试用例表

测试用例表应该包含的内容见表 3-1。

表 3-1　　　　　　　　　测试用例表

项目编号		项目名称	
测试模块名		开发人员	
用例编号		编制时间	
编制人		审核人	
用例级别		相关用例	
测试目的			
测试内容			
测试依据			
测试数据			
操作步骤			

描述	输入数据	预期结果	测试结果	测试状态
......				

备注	

其中,"用例编号"应该统一命名,并且唯一标识。

测试模块:指本测试用例具体测试的软件的哪个功能模块或子模块。

用例级别:按照用例重要程度分为 4 级:1 级(基本)、2 级(重要)、3 级(详细)、4 级(生僻)。

测试依据:测试依据需求说明书的哪个具体要求。

备注:此测试用例中是否有特殊规程说明和预置条件等信息。

(2)测试用例清单

测试用例清单用来汇总所有测试用例的表格,见表 3-2。

表 3-2　测试用例清单

编号	测试项目	子项目编号	测试用例编号	测试结论	结论
1					
2					
……					
总数					

测试结果统计表见表 3-3。

表 3-3　测试结果统计表

项目	计划测试项	实际测试项	全部通过项	部分通过项	大多数未通过项	无法测试项	备注
百分比(%)							

根据测试结果,很容易统计出测试的完成率和覆盖率,它们是测试总结报告中的重要数据指标。其中:

$$测试完成率=(实际测试项/计划测试项)\times100\%$$
$$测试覆盖率=(全部通过项/计划测试项)\times100\%$$

(3)测试问题表

测试问题表主要是对测试过程中所产生的问题进行描述记录,并对问题进行分析,给出应对策略以及提出预防措施,见表 3-4。

表 3-4　测试问题表

问题编号		问题级别	
问题描述			
问题分析			
避免措施			
备注			

（4）测试问题统计表

测试问题统计表主要用来计算各种级别问题出现的百分比，以此判断软件的缺陷严重程度，见表 3-5。

表 3-5　　　　　　　　　　　　测试问题统计表

问题的级别	严重问题	一般问题	微小问题	其他统计项	问题合计
数量（个）					
百分比（%）					

问题的级别大致分为严重问题、一般问题、微小问题。在实际情况中，若发现极其严重的问题，可以另行加入特殊严重问题级别。

（5）测试进度表

测试进度表用来描述测试时间、测试进度的问题，根据测试计划中的时间安排和实际执行的时间进行比较，得到整体进度情况，见表 3-6。

表 3-6　　　　　　　　　　　　测试进度表

测试项目	计划开始时间	计划结束时间	实际开始时间	实际结束时间	进度描述

依据表 3-6，可以对测试工作总体进行描述和评价。

（6）测试总结表

测试总结表应包括测试人员参与情况、测试环境情况介绍，同时对软件产品的质量做出评价，对测试工作进行总结，见表 3-7。

表 3-7　　　　　　　　　　　　测试总结表

项目编号		项目名称	
项目经理		项目开发经理	
项目测试经理		测试成员	
环境描述（软件、硬件）			
项目总体描述			
测试工作总结			

完整的测试文档记录了整个测试执行活动的过程，能够为测试工作提供有力的文档支持，对各个测试阶段都有非常明显的指导作用和评价作用。

3.3　测试用例的设计实例

下面将根据一个实例具体实施一个测试。

1. 待测程序说明

待测程序模块名为"日期计算"，程序界面如图 3-1 所示。

图 3-1　日期计算程序界面

程序功能描述：用户输入合法的年月日，单击"计算"按钮，程序自动计算出下一天的日期。输出文本框的文本形式为："明天的日期为：××××年××月××日"。当输入的年月日中有任意一个不合法时，程序会清空文本框内容，并弹出消息"输入无效"提示。

合法年月日为：1800 年 01 月 01 日至 2050 年 12 月 31 日。

任意时刻单击"重新输入"按钮，程序将所有文本框内容清空。单击"确定"按钮，程序关闭窗口退出。单击"取消"按钮，程序取消当前正在进行的操作。

2. 程序功能分析

根据程序模块的功能描述，将程序功能进行分析，见表 3-8。

表 3-8　　　　　　　　　　程序功能分析列表

功能编号	功能名称	功能说明
F001	有效日期的正确计算	用户输入合法日期（1800 年 01 月 01 日至 2050 年 12 月 31 日），单击"计算"按钮，程序自动计算出下一天的日期，文本框输出的文本形式为："明天的日期为：××××年××月××日"
F002	无效日期的合理提示	当输入的年月日中有任意一个不合法时，程序会清空文本框内容，并弹出消息"输入无效"提示
F003	无条件文本内容清空	任意时刻单击"重新输入"，程序将所有文本框内容清空
F004	无条件确定	单击"确定"按钮，程序关闭窗口退出
F005	无条件取消	单击"取消"按钮，程序取消当前正在进行的操作

3. 测试用例设计

根据程序模块的功能点，测试用例的设计最简单的方式就是每个功能点对应一个测试用例，见表 3-9。

表 3-9   测试用例表

项目编号	F01	项目名称	×××××
测试模块名	日期计算	开发人员	×××
用例编号	F001	编制时间	2015-09-10
编制人	×××	审核人	×××
用例级别	1 级	相关用例	无
测试目的	测试"计算日期"程序模块是否正常运行,功能是否按要求完成		
测试内容	用户输入合法日期(1800 年 01 月 01 日至 2050 年 12 月 31 日),单击"计算"按钮,程序自动计算出下一天的日期,文本框输出的文本形式为:"明天的日期为:××××年××月××日"		
测试依据信息	功能需求说明书、测试用例设计书		
测试数据	1800-01-01、1950-06-15、2006-10-01、2050-12-30		

操作步骤

描述	输入数据	预期结果	测试结果	测试状态
输入合法数据	1800-01-01	1800-01-02		
输入合法数据	1950-06-15	1950-06-16		
输入合法数据	2006-10-01	2006-10-02		
输入合法数据	2050-12-30	2050-12-31		
备注	无			

依照上述方法,将所有功能点的测试用例设计完成,得到测试用例集,按照要求执行测试,得到测试结果,表 3-10 列出部分测试用例的测试结果。

表 3-10   部分测试用例执行结果列表

功能点编号	输入数据	测试操作	预期结果	实际结果	测试结果状态
F001	1800-01-01	输入合法日期,单击"计算"按钮	1800-01-02	1800-01-02	通过
……	……	……	……	……	……
F002	1753-01-03	输入非法日期,单击"计算"按钮	清空文本框中内容,并弹出消息"输入无效"提示	清空文本框中内容,并弹出消息"输入无效"提示,但文本框中显示"1753-01-04"	不通过
……	……	……	……	……	……
F003		单击"重新输入"按钮	程序将所有文本框内容清空	程序将所有文本框内容清空	通过
F004		单击"确定"按钮	窗口关闭,退出程序	窗口关闭,退出程序	通过
F005		单击"取消"按钮	程序取消当前正在进行的操作	无响应	不通过

4.测试分析

根据测试结果,对测试执行进行分析诊断,大致从以下几个方面进行分析。

(1)测试是否实现了完整性和有效性的要求

在设计的测试用例中,数据(包括有效数据和无效数据)是否做到了代表性、完备性和有效性? 测试用例中的数据是否可以发现程序的缺陷? 会给程序交付带来风险吗? 采取了什么样的策略?

(2)测试用例管理是否有效

在测试中,设计的测试用例是如何管理的? 变更如何控制? 使用测试管理工具了吗? 效果如何? 还需要如何改进?

(3)是否进行了有效屏蔽

测试用例执行的前后顺序会不会影响到程序测试的结果? 如果会,设计的时候是否考虑到,是如何屏蔽的?

(4)缺陷管理

测试的错误和缺陷如何记录和跟踪? 发现的错误和缺陷是否得到了修复等一系列的问题都应该进行分析总结,形成测试报告,以便进一步完善测试。

3.4　测试用例的执行与管理

测试用例设计编写完成后,接着进入测试执行的过程,测试用例是测试执行的重要依据和保障,如何对测试用例版本进行统一规范管理,也是更有效进行测试活动的重要任务。

1.测试用例的管理机制

在测试用例设计编制完成后,如何对不同阶段的测试用例进行有效管理、测试用例如何与当前业务系统版本保持一致、在测试用例发生变更时如何快速查找到需要修改的测试用例,仅靠手工是无法完成的,需要一套完善的版本控制管理机制来进行保障。

图 3-2 描述了测试用例的管理机制。

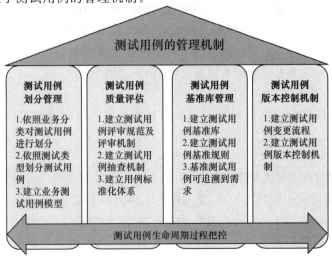

图 3-2　测试用例的管理机制

2.测试用例库建立

（1）测试用例库规划

①第一阶段：建立测试用例标准化机制

建立测试用例标准化机制，建立测试用例库框架，制定测试用例生命周期管理流程。

②第二阶段：建立测试用例基准库

根据规划建立测试用例基准库，依照测试用例框架内容对测试用例分类并进行管理。如图 3-3 所示。

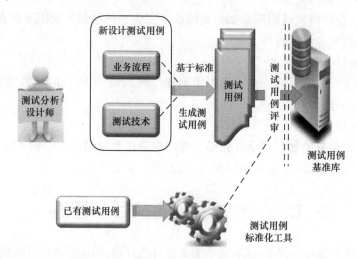

图 3-3　测试用例基准库的建立流程

③第三阶段：持续完善测试用例库

持续完善测试用例库，建立测试用例质量管理机制。

（2）测试用例库的建立和变更控制

开发测试用例虽然是复杂的测试过程中的一个步骤，但却需要测试人员花费大量精力去熟悉需求以及设计测试用例，并且要在需求变化时更新测试用例，占用了测试周期的绝大部分时间。而构建包含大量可重用测试用例的测试用例库成为帮助测试者以最小的代价（人力、物力、财力、时间）做好测试，缩短软件测试周期，充分提高软件测试效率的必要手段。这些高质量的可重用测试用例不仅能有效地发现软件中存在的问题，还可以有效地避免测试人员花费大量时间重复设计、维护测试用例。

①基线测试用例库的建立

当得到一个软件的基线版本时，用于基线版本测试的所有测试用例就形成了基线测试用例库。保存在基线测试用例库中的测试用例一部分可能是自动测试脚本，也可能是测试用例的手工实现过程。

基线测试用例库主要由以下两方面组成：

• 使用自动捕获回放测试工具（如 QARun、OALoad、TestPartner 等）自动生成的测试脚本。脚本的命名需要包含以下四部分的内容，即测试项目名＋版本号＋测试功能模块名＋详细测试功能点描述。所有脚本都在一台 QA Script 服务器的 SQL Server 数据库上保存，可供许可用户调用、查询（提供多种组合查询方式）。

　　• 手工测试用例的管理。手工测试用例主要由两方面组成,首先是描述文件的集合,这些描述文件是用语言描述每个功能点的测试过程,同样要求描述文件命名应包含以下四部分的内容,即测试项目名＋版本号＋测试功能模块名＋详细测试功能点描述,描述内容应尽可能详细,使其他测试人员能依据该测试用例的描述复现该测试过程。其次就是用于手工测试时调用的各类文件(如做兼容、性能测试等用到的各类含不同测试对象的文件)在命名上同描述文件的命名规则。手工测试用例中用到的各类文件以及各测试过程描述文件都分项目名、版本号、起始测试日期,分目录保存在一台专门的文件管理服务器上,可允许用户调用、查询。

　　在需要进行回归测试的时候,就可以根据所选择的回归测试策略从基线测试用例库中提取合适的测试用例,组成回归测试包,通过运行回归测试包来实现回归测试。

　　②测试用例库的变更控制

　　测试用例变更主要是业务变更以及系统规则变更,根据变更的业务要素信息或系统信息,分析受影响的测试用例,由测试用例设计分析师确定修改或作废处理。变更控制中要做好测试用例的维护,为了保证测试用例库中测试用例的有效性,必须对测试用例库进行维护。同时被修改的或新增添的软件功能,仅仅靠重新运行以前的测试用例并不足以揭示其中的问题,有必要追加新的测试用例来测试这些新的功能或特征。因此,测试用例库的维护工作还应包括开发新测试用例,这些新的测试用例用来测试软件的新特征或者覆盖现有测试用例无法覆盖的软件功能或特征。

　　测试用例的维护是一个不间断的过程,通常可以将软件开发的基线作为基准,维护的主要内容包括下述几个方面:

　　• 删除过时的测试用例。
　　• 改进不受控制的测试用例。
　　• 删除冗余的测试用例。
　　• 增添新的测试用例。

　　对用例库的维护不仅改善了测试用例的可用性,而且提高了测试库的可信性,同时还可以将一个基线测试用例库的效率和效用保持在较高的级别上。

　　3. 测试用例管理工具

　　软件测试工作是保证软件质量的重要手段,测试用例的选择起着至关重要的作用。在项目实践中,测试用例的设计工作虽然非常重要,却经常因为管理不善和设计盲目,使得用例库庞大而且难以维护,成了测试人员的负担,也使得测试执行人的工作强度和效率难以改善。因此合理使用测试管理工具可以将测试工程师从繁杂的重复用例设计工作中解放出来,使测试用例库真正发挥应有的作用,真正提高软件测试的效率。下面介绍几种常用的测试用例管理工具。

　　(1)HP ALM(QC)

　　HP 测试管理工具,现在普遍被称为应用程序生命周期管理工具(ALM),因为它不再仅仅是一个测试管理工具,它支持软件开发生命周期的各个阶段。HP ALM 可以帮助我们管理项目进程,交付成果,资源和项目进度的保持跟踪,使产品拥有者了解产品的当前状态。

①优点

- Web 界面,界面友好,功能强大,操作方便。
- 由测试用例执行跟踪。
- 可以和自身缺陷管理工具紧密集成。
- 可以灵活定制功能。
- 支持测试用例导入导出。

②缺点

- 每个项目库有在线人数限制。
- 针对测试用例本身,没有版本管理的功能。
- 查询不便捷,无法自定义查询某个测试用例的详细信息。
- 不能很好地管理测试用例的变更。
- 无法对测试用例进行标准化管理。

(2)Rational CQ

Rational CQ 全称为 Rational ClearQuest,简称 CQ,功能十分强大,可以和 Rational 的其他产品结合,比如 Rational ClearCase、Rational Rose 等。主要用于变更管理和缺陷跟踪。

①优点

- 文件夹式的管理,可对测试用例无限分级。
- 同 Rational 相关工具无缝集成。
- 由测试用例执行功能,但必须先生成相应的脚本。
- 强大的查询和图表功能。

②缺点

- 本地化支持较差。
- 功能有时不稳定,容易造成用例丢失情况。
- 测试用例表现形式单一。
- 必须安装客户端才可以使用。
- 无法对测试用例进行标准化管理。

(3)TestLink

TestLink 是一款基于 Web 的测试用例管理系统,主要功能是测试用例的创建、管理和执行,并且还提供了一些简单的统计功能。TestLink 是 SourceForge. net(又称 SF. net)的开放源代码项目之一,主要功能:

- 测试需求管理。
- 测试用例管理。
- 测试用例对测试需求的覆盖管理。
- 测试计划的制订。
- 测试用例的执行。
- 大量测试数据的度量和统计功能。

①优点

- 开源测试管理工具,简单易学。

- 按照项目进行测试用例分类管理。
- 可同其他缺陷管理工具集成。
- 有需求管理功能。
- 可以直接关联 SVN 等版本管理工具,进行变更控制。

②缺点

- 需要进行二次开发。
- 本地化支持较差,容易出现乱码。
- 无法针对所有的测试用例进行统一的管理。
- 部分功能不稳定。
- 无法对测试用例进行标准化管理。

习题 3

一、选择题

1. 软件测试是采用(　　)执行软件的活动。

A. 输入数据　　　　B. 测试环境　　　　C. 输入条件　　　　D. 测试用例

2. 以下关于软件测试用例编写标准的说法,(　　)是错误的。

A. 具有代表性　　　　　　　　　B. 测试结果可以判定

C. 测试要穷尽　　　　　　　　　D. 测试结果可再现

3. 测试用例应该包括软件测试用例表、测试用例清单、测试结果统计表、测试问题表和测试问题统计表、测试进度表和(　　)。

A. 测试总结表　　　B. 测试分析表　　　C. 缺陷分析表　　　D. 测试用例执行表

4. 测试用例设计时,提供的输入数据应该考虑的原则不包括(　　)。

A. 合法数据　　　　　　　　　　B. 非法数据

C. 边界数据　　　　　　　　　　D. 仅提供个别有代表的正确数据即可

二、简答题

1. 简述测试用例的概念及其重要性。

2. 简述测试用例设计的原则和标准。

3. 举例说明测试用例的设计方法。

4. 以一个实际的工作为例,详细描述一次测试用例设计的完整过程。

5. 简述测试用例管理对于测试的意义。

第4章

软件测试管理

....

软件测试是软件项目开发过程中一个重要的组成部分,是保证软件质量的必要手段之一,因此需要通过良好的组织和科学的管理来保障软件测试活动的正常进行。本章从软件测试管理的概念、组织管理、过程管理、人员管理、配置管理、风险管理等几个方面来介绍。

主要内容

- 软件测试过程
- 软件测试的组织与人员管理
- 软件测试的过程管理
- 软件测试的文档管理
- 软件测试的配置和风险管理
- 常用软件测试管理工具

能力要求

- 能够描述测试的组织和管理过程
- 能够理解测试文档在测试管理中的重要地位
- 能够识别软件的风险并进行有效管理

4.1 软件测试管理概述

随着软件开发规模的增大、复杂程度的增加,以发现软件中的缺陷或错误为目的的测试工作就显得更加困难。为了尽可能多地发现程序中的缺陷和错误,开发高质量的软件产品,必须对测试活动进行有效的组织、策划和管理,采取系统的方法建立起软件测试管理体系。对测试活动进行监管和控制,以确保软件测试在软件质量保证中发挥应有的关键作用。

4.1.1 软件测试过程与软件开发的关系

软件测试不等于程序测试,与软件开发流程类似,软件测试从测试计划编写到测试实施、评估也是要经历一系列的过程的。整个流程包括测试计划、测试设计、测试开发、测试执行和测试评估几个阶段。

(1)测试计划

由专门负责测试的管理者根据用户需求说明书中系统功能要求和性能指标,定义对应的测试需求报告,并监控整个测试过程。测试将依照测试需求报告开展,并根据测试需求报告选择测试内容、合理安排测试人员以及其他资源等。

(2)测试设计

按照测试计划中的测试需求,将测试内容进行分解、细化,并为每个测试内容选择合适的测试用例,保证测试结果的有效性。

(3)测试开发

编写脚本或者使用工具建立可以重复使用的测试用例,最大限度地实现测试的自动化。

(4)测试执行

执行测试用例或开发的自动化测试程序对被测对象进行测试,并对发现的缺陷和错误进行跟踪管理。执行一般由单元测试、集成测试、确认测试、回归测试等步骤组成。

(5)测试评估

根据测试需求书定义的量化标准,对测试结果、缺陷报告进行评估、评价。

在上述的流程中,测试执行按照先后顺序可以分为:单元测试、集成测试、确认测试、系统测试和验收测试阶段,如图 4-1 所示。

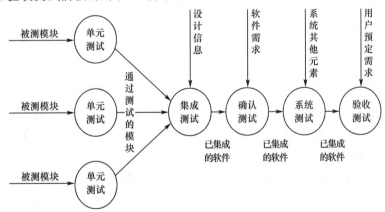

图 4-1　测试执行流程图

软件开发过程是一个自上而下、逐步细化的过程,其各个阶段有不同的侧重点。而软件测试则是一个相反的过程,软件测试是一个自下而上、逐步集成的过程,低(下)一级测试为高(上)一级测试做准备,因此,在测试过程中,最先产生的错误往往都是最后才发现的,这必须引起重视。软件开发过程与软件测试流程的关系如图 4-2 所示。

4.1.2　软件测试管理的内容

为更好地实施测试过程,让其发挥作用,我们应使用系统方法来建立软件测试管理体系,也就是把测试工作作为一个系统,对组成这个系统的各个过程加以识别和管理,以实现设定的系统目标。同时要使这些过程协同作用、互相促进,尽可能发现和排除软件故障。

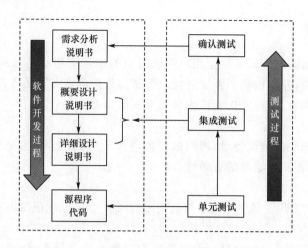

图 4-2　软件开发过程与软件测试流程的关系

测试系统主要由下面六个相互关联、相互作用的过程组成：

- 测试计划
- 测试设计
- 测试实施
- 配置管理
- 资源管理
- 测试管理

此外，测试系统与软件修改过程是相互关联、相互作用的。测试系统的输出（软件故障报告）是软件修改的输入；反过来，软件修改的输出（新的测试版本）又成为测试系统的输入。根据上述六个过程，可以确定建立软件测试管理体系的六个步骤：

①识别软件测试所需的过程及其应用，即测试计划、测试设计、测试实施、配置管理、资源管理和测试管理。

②确定这些过程的顺序和相互作用，前一过程的输出是后一过程的输入。其中，配置管理和资源管理是这些过程的支持性过程，测试管理则对其他测试过程进行监视、测试和管理。

③确定这些过程所需的准则和方法，一般应制定这些过程形成文件的程序，以及监视、测量和控制的准则和方法。

④确保可以获得必要的资源和信息，以支持这些过程的运行和对它们的监测。

⑤监视、测量和分析这些过程。

⑥实施必要的改进措施。

4.2　软件测试的组织与人员管理

实施一个测试时，首先要考虑的就是在活动中涉及的人员、资源之间的协调和分配问题，良好的组织和管理是测试活动成功的重要保障。测试过程组织图如图 4-3 所示。

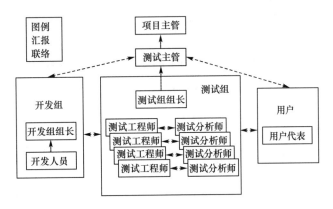

图 4-3　测试过程组织图

4.2.1　软件测试的组织与人员管理概述

在一个软件测试的项目管理中,测试组织的主要任务包括:

- 组织和管理测试小组
- 确定测试小组的组织模式
- 安排测试任务
- 估计测试工作量
- 确定应交付的测试文档
- 管理测试件
- 确定测试需求和组织测试设计等

测试管理与项目管理、质量管理类似,都是围绕着人员、问题、结果开展的。如何将测试活动中涉及的人员和人员间的组织关系以及将人员集成到测试业务活动中,是测试组织管理中最难的环节。

4.2.2　软件测试人员

测试涉及的人员有测试主管、测试组组长、测试工程师、测试分析师。分工不同,所担任的职责不同,下面分别介绍各类人员的主要工作。

1. 测试主管

测试主管主要负责测试过程中的组织和管理工作,负责保证在指定的时间、资源和资金条件下,测试组提供满足质量标准的产品。

此外,测试主管还负责与项目开发组保持畅通的联络,随时沟通在测试过程中使用的技术、方法、进度和测试报告等信息。测试主管还要向项目负责人或者项目经理定期汇报测试组工作的相关内容。在一些软件公司,测试主管大部分都是由项目组 QA(质量保证)主管兼任。

2. 测试组组长

测试组组长全权负责一个测试项目,分配测试任务及安排人员,把握测试进度,建立和维护与测试相关的文档资源(包括测试计划文档、测试规范说明书、测试用例、测试结果分析报告等),保证测试项目顺利完成。

测试组组长要安排、协调测试组成员的工作,还要及时向测试主管进行工作进展的汇报,在测试验收时,测试组组长要负责和用户代表、操作代表联系,以便有足够的用户来完成验收测试。

3. 测试工程师

测试工程师主要负责执行测试计划中开发的测试用例、测试脚本,并记录测试执行过程中相关的所有信息到文档中。

测试开始前,测试工程师负责搭建测试环境(包括硬件、软件、网络、模拟器其他程序等)、准备好测试数据、测试脚本。

测试执行过程中,测试工程师负责将测试过程所有数据、测试结果进行记录,填写在要求的表格中。

测试结束后,测试工程师将数据进行备份,对测试结果进行说明,并提交测试组组长进行归档保存。

4. 测试分析师

测试分析师主要负责设计和实现用于完成被测实现(AUT)的一个或多个测试脚本和测试用例,并协助测试主管完成测试相关文档的归类、存档。当测试工程师完成测试提交相关表格后,测试分析师要根据测试执行内容及相关结果撰写测试总结报告,描述本次测试项目的关键点,提交给测试主管。

4.2.3 软件测试的组织与人员管理中的风险管理

在项目实施过程中,软件质量标准定义不准确、任务边界模糊、不知软件测试何时结束、找不到严重的缺陷、软件需求反复变化等,都会影响到测试的执行和质量的保证,加上软件测试项目具有智力密集、劳动密集的特点,受人力资源影响最大,项目成员的结构、责任心、能力和稳定性、测试任务的分配、软件测试人员的待遇和地位等因素都将是在测试过程中出现的风险。具体表现如下:

①作为先决条件的任务(如培训等)不能按时完成。

②开发人员与管理层之间关系紧张,导致决策缓慢,影响全局工作。

③缺乏激励机制,团队士气不佳,工作效率低。

④测试人员需要更多时间适应软件环境或者软件工具操作。

⑤开发人员变更导致沟通失效,降低工作效率。

⑥测试人员间的沟通不畅,导致在设计的接口处存在异同而引起重复工作。

⑦不合格的测试人员影响进度,导致团队工作积极性不高。

⑧因项目的特殊性而未有合适的具有特定技能的测试人员配置。

4.3　软件测试过程管理

4.3.1　软件测试的跟踪与质量控制

Grenford J Myers 曾对软件测试的目的提出过以下观点：

(1)测试是发现程序中的错误而执行程序的过程。

(2)好的测试方案是极可能发现迄今为止尚未发现的错误的测试方案。

(3)成功的测试是发现了至今为止尚未发现的错误的测试。

如果只是只从字面意思理解，可能会产生误导，认为发现错误是软件测试的唯一目的，查找不出错误的测试就是没有价值的测试，实际上并非如此，因为：

(1)测试并不仅仅是为了找出错误，通过分析错误产生的原因和错误的发生趋势，可以帮助项目管理者发现当前软件开发过程中的缺陷，以便及时改进。

(2)这种分析也能帮助测试人员设计出有针对性的测试方法，改善测试的效率和有效性。

(3)没有发现错误的测试也是有价值的，完整的测试是评定软件质量的一种方法。

因此，对测试过程进行跟踪管理是保证测试顺利执行的重要手段之一，也是保证软件质量不可或缺的手段之一。

测试是软件工程中的一个子过程，分为测试计划、测试设计和开发、测试执行、测试结果审查与分析几个阶段，为使整个过程更加工程化、系统化，需要对测试的过程进行科学、合理的管理，下面就其中两个比较重要的过程跟踪并进行简单介绍。

1. 测试用例执行的跟踪

测试用例设计的质量，直接关系到测试的效率、结果，不仅要做到测试效率高，而且要保证结果正确、准确、完整等，其管理关键是提高测试人员素质和责任心，树立良好的质量文化意识，通过一定的跟踪手段从某些方面保证测试执行的质量。

• 测试效率的跟踪比较容易，按照测试任务和测试周期，可以得到期望的曲线，然后每天检查测试结果，了解是否按预期进度进行，跟踪曲线、里程碑都是最直观的、最常使用的形式。

• 测试结果的跟踪存在一些风险，但如果记录好每个人的执行测试情况，即知道哪个测试用例是谁执行的，那么即使某个 Bug 被漏掉，也可以追溯到具体责任人。

2. Bug 的跟踪和管理

在测试过程中发现的软件错误或缺陷，可提交或纳入软件缺陷管理过程中。Bug 的跟踪和管理一般由相应的管理工具(比如 Quality Center 测试管理工具、Bugzilla 缺陷跟踪管理工具、JIRA 等其他工具，具体在 4.6 节详细介绍，此处不再赘述)来执行，但工具也是依赖于一定的规则和流程进行的，主要的思路有：

• 设计好每个 Bug 应该包含的信息条目、状态分类等。

• 通过系统自动发出邮件给相应的开发人员和测试人员，使得任何 Bug 都不会被错过，并能得到及时处理。

- 通过日报、周报等各类项目报告来跟踪目前 Bug 状态。
- 在各个大小里程碑之前,召开有关人员的会议,对 Bug 进行会审。
- 通过一些历史曲线、统计曲线等进行分析,预测未来情况。

对于软件质量的控制,实质就是对软件生命期各个阶段的软件质量保证,同理,对于软件测试质量的控制一样需要对软件测试活动中各个阶段进行质量的保证,需要做好如下几方面的测试管理工作:

(1)采用技术手段保证软件测试质量:在测试设计、开发过程中,采用科学的软件工程方法和工具来保证所开发测试用例的质量。

(2)组织技术评审:在软件测试的每个阶段结束后,都要组织评审,对测试质量进行评价,可以及早地发现测试开发过程中可能引起测试质量的潜在错误。

(3)推行软件工程标准:不同的软件开发机构都有自己的工程规范,根据 ISO 9000 系列质量管理保证体系确定的规范,进行企业的认证工作。一经确认,就应在整个软件开发过程中得到遵循,所遵从的规范则成为测试技术评审的一项重要内容。

(4)对测试用例的修改、变更进行严格控制:有时候,尽管修改和变更总是有理由的,但在修改过程中常常会引进一些潜伏的错误。因此严格控制测试用例的修改和变更是十分必要的。

(5)对测试质量进行度量:软件测试管理要求对测试过程进行跟踪,就必须进行软件测试质量度量,并对测试质量情况及时记录和报告。

总之,加强过程的跟踪和质量控制,针对所有可能影响测试质量的各个因素都要采取有力措施,包括与质量有关的人员都要规定其职责和权限,使责任落实到个人,以保证测试的有效性,进而使得软件产品质量得到真正的控制。

4.3.2　软件测试项目的过程管理

软件测试过程管理在每个阶段所管理的对象和内容都不同,主要集中在测试项目启动、测试计划制订、测试开发和设计、测试执行以及测试结果审查和分析几个阶段。

1. 测试项目启动

确定测试项目后,进行人员的组织,考虑如何将涉及的人员及其关系组织在测试实施的活动中。

2. 测试计划制订

在测试计划阶段,首先,要确定测试的整体目标,确定测试的任务、所需的各种资源和投入、预见可能出现的问题和风险,以指导测试的执行,最终实现测试的目标,保证软件产品的质量。测试计划阶段是整个软件测试过程的关键。

其次,制订测试计划,在测试中要达到的目标有:

①制订一个现实可行的、综合的计划,包括每项测试活动的对象、范围、方法、进度和预期结果。

②为项目实施建立一个组织模型,并定义每个角色的责任和任务。

③开发有效的测试模型,能正确地验证正在开发的软件系统。

④确定测试所需要的时间和资源,以保证其可获得性、有效性。

⑤确立每个测试阶段测试完成以及测试成功的标准、要实现的目标。

⑥识别出测试活动中各种风险,并消除可能存在的风险,降低那些不可能消除的风险所带来的损失。

接下来,根据测试项目的对象,制定测试的输入/输出标准:

- 测试的输入标准
- 整体项目计划框架
- 需求规格说明书
- 技术知识或业务知识
- 标准环境
- 设计文档
- 足够的资源
- 人员组织结构
- 测试的输出标准
- 测试执行标准
- Bug 描述和处理标准
- 文档标准和模板
- 测试分析、质量评估标准等

最后,根据以上内容,制定具体的测试实施策略,细化测试项目各个阶段的要点,编制测试项目中使用到的技巧等。

3. 测试开发和设计

当测试计划完成后,测试就要进入测试开发和设计阶段,该阶段的工作是建立在测试计划的基础之上的,而测试设计阶段又是接下来测试执行和实施的依据。具体分为以下几个步骤:

(1)制定测试的技术方案

确认各个测试阶段要采用的测试技术、测试环境和平台,以及选择什么样的测试工具。测试中涉及的安全性、可靠性、稳定性、有效性等测试技术方案都是本阶段的工作重点。制订测试计划可以明确测试的目标,增强测试计划的实用性,同时要坚持"5W"原则,即"What(做什么)""Why(为什么做)""When(何时做)""Where(在哪里做)""Who(由谁做)",在什么时候、什么地方,由谁采用什么样的方法完成什么样的任务。

(2)设计测试用例

根据产品需求分析、系统技术设计等规格说明书,在测试的技术方案基础上,设计具体的测试用例。

测试用例的设计必须经过创建、修改完善和审查才可以用于后续的测试执行或测试开发。第三章已经详细介绍有关测试用例设计的规范和方法,此处不再赘述。

(3)设计测试用例特定的集合(Test Suite)

满足一些特定的测试目的和任务,根据测试目标、测试用例的特性和属性来选择不同的测试用例,构成执行某个特定测试任务的测试用例集合(或组),比如基本测试用例集合、专用测试用例集合、性能测试用例集合等其他测试用例集合。

（4）测试开发

这个内容针对自动化工具测试，是根据所选择的测试工具，将所有可以进行自动化测试的测试用例转化为测试脚本的过程。测试输入就是基于测试需求编写的测试用例，输出就是按照测试用例或测试脚本执行后的期望结果。

测试开发的步骤：

首先，建立测试脚本开发环境，安装测试工具软件，设置管理服务器和具有代理的客户端，建立项目的共享路径、目录，并连接到脚本存储库和被测软件。

其次，执行测试的初始化过程、独立模块过程、导航过程和其他操作过程。结合编写好的测试用例，将录制的测试脚本进行组织、调试和修改，构造一个有效的测试脚本体系，并建立外部数据集合。

（5）测试环境的设计

根据测试项目，选择符合该项目的测试平台，搭建测试用例中规定的测试环境、网络环境以及服务器等内容。

以上涉及的文档，必须按照国标 GB/T 9386－2008《计算机软件测试文档编制规范》的要求撰写，包括测试设计说明书、测试用例说明书、测试规程说明、测试项传递报告。

4. 测试执行

测试用例设计开发完成、测试环境搭建好后，接下来就开始执行测试。测试执行分手工测试和自动化测试两类。手工测试是指在搭建好的测试环境下，依据测试用例的输入条件按步骤进行，根据实际测试结果与测试用例中描述的预期测试结果对比，确定被测对象是否运行正常或正确表现。而对于自动化测试而言，则通过测试工具，运行预先设计的测试脚本，同时记录测试结果，以便分析。

测试执行过程中，保证完成以下流程：

①测试阶段目标的检查。每个阶段测试（单元测试、集成测试、功能测试、系统测试、验收测试和安装测试等）完成后，都要与预定目标进行核查，确保每个阶段任务得到执行，达到阶段性目标。

②测试用例执行的跟踪。确保每个测试用例百分之百执行。

③Bug 的跟踪和管理。测试过程中，发现的错误与缺陷，都应按 Bug 类别、状态提交软件到缺陷管理数据库中，以便随时跟踪和管理。

④和项目组外部人员的沟通。一旦有 Bug 变更，缺陷管理系统应能自动发出邮件给相应的开发人员和测试人员，保证任何 Bug 都能及时处理。

⑤测试执行结束评判。按照里程碑对 Bug 进行会审、分析、预测，依据计划结束准则，决定测试是否结束。

5. 测试结果审查和分析

在原有跟踪的基础上，针对测试项目进行全过程、全方位的审视，检测测试是否完全执行，是否存在漏洞，对目前仍旧存在的缺陷进行分析，确定对产品质量的影响程度，从而完成测试报告并结束测试工作。

4.4　测试文档管理

4.4.1　测试文档的内容与作用

测试文档(Testing Documents)是测试活动中用来描述和记录整个测试过程的一个非常主要的文件。在测试执行的过程中,所依据的最核心的文档包括测试计划、测试用例和测试报告。根据软件测试与软件开发过程中的关系,测试文档应该在软件开发的需求分析阶段就进行编写。

1.测试计划文档

测试计划文档主要描述测试活动的对象、使用的技术方法、涉及的资源和时间进度、人员职责、人员安排和风险等。一般情况下,测试计划应该从需求分析阶段开始,到软件设计结束。根据软件测试文档标准 IEEE 829,一份测试计划文档应该至少包含以下几个内容:

①引言:目的、背景、范围、定义、参考资料。

②测试内容:测试功能清单。

③测试规则:进入准则、暂停/退出准则、测试方法、测试手段、测试要点、测试工具。

④测试环境:硬件环境、软件环境、特定测试环境要求。

⑤项目任务:测试规划、测试设计、测试执行准备、测试执行、测试总结。

⑥实施计划:工作量估计、人员需求及安排、进度安排、其他资源需求及安排、可交付工件。

⑦风险管理:提供一个可做参考测试计划模板,在实际使用的过程中可以根据项目的具体情况对模板进行修改。

(1)文档信息

记录当前文档的基本信息,如版本信息(见表 4-1)、版本更新信息(见表 4-2)等。

表 4-1　　　　　　　　　版本信息

文档编号	当前版本号	修订日期	修订人	审核人	存档人	存放位置

表 4-2　　　　　　　　版本更新信息

当前版本号	修订类型	修订内容概要	修订日期	修订人	审核人

(2)文档内容

1.概述

　1.1 目的

　1.2 假定和约束

　　1.2.1 假设条件

2. 测试用例文档

第 3 章节已经详细介绍,此处不再赘述。

3. 测试报告

根据前面的介绍,软件测试活动是一个复杂的过程,是提高软件质量、确保软件正常运行的重要保障,也是软件工程规范化的一个重要组成部分。测试文档对于测试执行起着非常重要的指导和评价作用。在软件投入运行后的维护阶段,仍需要用到软件测试文档进行再测试或者回归测试。根据软件测试文档标准 IEEE 829,一份测试报告应该至少包含以下几个部分:

（1）测试报告标识符

（2）总结

说明被测对象（包含版本号）已经按测试计划在描述的测试环境下进行测试，并给出总结性评价。

（3）编译

解释说明在测试执行过程中对指定测试过程的任何偏离的原因。

（4）结果总结

对测试结果进行总结，哪些问题在什么样的方案下得到解决？还有哪些问题没有解决？为什么？

（5）评价

对每个测试项的测试结果给予评价。

（6）活动总结

总结在测试活动中人员的配置、活动进行的时间、资源的利用、消耗等情况。

测试报告可以人工撰写，也可以使用一些测试管理工具在测试活动完成后自动生成。

4.4.2　测试文档的类型

1. 测试文档的分类

根据测试文档所起的作用不同，通常把测试文档分成两类：测试计划和测试分析报告。测试计划详细规定测试的要求，包括测试的目的和内容、方法和步骤，以及测试的准则等。由于要测试的内容可能涉及软件的需求和软件的设计，因此必须及早开始测试计划的编写工作。不应在着手测试时，才开始考虑测试计划。通常，测试计划的编写从需求分析阶段开始，到软件设计阶段结束。测试报告用来对测试结果的分析说明，经过测试后，证实了软件具有的能力，以及它的缺陷和限制，并给出评价的结论性意见，这些意见既是对软件质量的评价，又是决定该软件能否交付用户使用的依据。由于要反映测试工作的情况，自然要在测试阶段内编写。

测试文档的使用：测试文档的重要性表现在以下几个方面：

（1）验证需求的正确性

测试文档中规定了用以验证软件需求的测试条件，研究这些测试条件对弄清用户需求的意图是十分有益的。

（2）检验测试资源

测试计划不仅要用文件的形式把测试过程规定下来，还应说明测试工作必不可少的资源，进而检验这些资源是否可以得到，即它的可用性如何。如果某个测试计划已经编写出来，但所需资源仍未落实，那就必须及早解决。

（3）明确任务的风险

有了测试计划，就可以弄清楚测试可以做什么，不能做什么。了解测试任务的风险有助于对潜伏的可能出现的问题事先做好思想上和物质上的准备。

（4）生成测试用例

测试用例的好坏决定着测试工作的效率，选择合适的测试用例是做好测试工作的关键。在测试文档编制过程中,按规定的要求精心设计测试用例有重要的意义。

(5)评价测试结果

测试文档包括测试用例,即若干测试数据及对应的预期测试结果。完成测试后,将测试结果与预期的结果进行比较,便可对已进行的测试提出评价意见。

(6)再测试

测试文档规定的和说明的内容对维护阶段由于各种原因的需求进行再测试时,是非常有用的。

(7)决定测试的有效性

完成测试后,把测试结果写入文件,这对分析测试的有效性,甚至为整个软件的可用性提供了依据,同时还可以证实有关方面的结论。

2.各阶段测试任务产生的文档

软件测试是一个复杂的、由不同测试阶段组成的过程,不同的测试阶段会产生不同的文档,表 4-3 列出了各个测试阶段所产生的文档。

表 4-3　　　　测试各个阶段可产生的文档

测试阶段	测试产生的文档	备注
需求分析审核 Requirements Reviews	需求分析问题列表 经批准后的需求分析文档	测试计划书 开始撰写
设计审核 Design Reviews	设计问题列表 经批准的设计文档 经批准的测试计划文档 测试用例	测试环境 开始搭建
单元测试 Unit Testing	单元测试缺陷报告 单元测试跟踪报告 修订完善的测试用例、测试计划	必须对系统功能 详细了解
集成测试 Integration Testing	集成测试缺陷报告 集成测试跟踪报告 再次修订完善的测试用例、测试计划	集成后的系统
功能测试 Functionality Testing	集成测试缺陷报告 集成测试跟踪报告 功能测试报告	代码全部完成
系统测试 System Testing	系统测试缺陷报告 系统测试跟踪报告 系统测试报告(包含性能测试报告)	阶段性测试
验收测试 Acceptance Testing	用户验收报告 最终测试报告	预发布的软件
版本发布 Release	当前版本已知问题清单 版本发布报告	软件发布
系统维护 Maintance	缺陷报告 更改跟踪报告 完整版测试报告	变更需求 修改的软件 测试计划、用例

4.5　软件测试的配置和风险管理

1. 软件测试配置管理

软件测试需要进行充分的测试准备,需要科学的、规范的测试过程管理。有效的配置管理对跟踪和提高测试质量和效率起到十分重要的作用。测试过程中的配置管理工作不仅包括搭建满足要求的测试环境,还包括获取正确的测试、发布版本。但是在实际的软件测试工作中,经常会出现这样几种情况:①缺陷只能在测试环境中出现,但是在开发环境中无法重现;②已经修复的缺陷在测试时又重现;③发布程序在内部确认测试中测试通过,但是发布时却发生系统运行失效。是什么原因导致上述问题的产生呢? 追根究底是因为配置管理没有引起足够的重视。根据在实际的测试过程中项目组总结的经验,大致有以下几点原因:

(1)测试环境配置的复杂性

由于不同(版本)的操作系统、不同(版本)的数据库,不同(版本)的网络服务器、应用服务器,再加上不同的系统架构等组合,使得需要构建的软件测试环境多种多样、复杂和频繁。因此,软件测试环境的构建是否合理、稳定和具有代表性,将直接影响测试结果的真实性、可靠性和正确性。

(2)测试产品与开发产品之间的密切关系

在一个项目的软件测试过程中,会有大量的“产品”产生,典型的如文档(包括测试计划、测试用例、测试报告、日常管理文档等)、数据、脚本等。软件测试的一个独有的特征,就是它的产品都是基于开发产品(如源代码、文档、安装文件等)产生和变化的。而开发产品都是以“信息”的形式存放在计算机中,因此,较硬件而言,开发产品比较容易被修改和改变。一旦开发产品发生改变,测试产品也需要相应改变。如何有效地管理测试产品、维护测试产品与开发产品之间的关系成为测试过程中的一个棘手的问题。

(3)开发人员在处理新的开发任务时间接修复了缺陷

由于缺少工具的支撑,开发人员不能详细、准确地获取提交测试的缺陷涉及修改的源码,所以在有些项目组中,每次测试时,开发人员将个人开发的所有源码提交给测试人员,由测试人员采用完全覆盖的方式更新测试环境。但是由于开发人员的工作环境仍在进行新变更、新功能或缺陷的处理,而修改新变更、新功能或缺陷的同时,很容易将原来存在的缺陷一并修复。这就可能导致测试环境中存在的缺陷在开发环境中无法重现。

(4)开发人员漏提交待测试的源码

假设项目组意识到完全覆盖方式的不合理,要求开发人员只能提交修改缺陷或变更对应的源码供测试。可是由于缺少工具的支撑,开发人员只能手工记录、追踪变更和缺陷对应修改的源码,这种方式一是记录和追踪的工作量大,二是很容易漏提交源码。由于开发人员漏提交源码,就很容易发生测试环境的缺陷在开发环境中无法重现或者已经修复的缺陷又重现的情况。

（5）公共参数/基础数据/配置文件未进行配置管理

一些项目组未将公共参数/基础数据/配置文件等全局文件纳入配置管理。由于没有将其纳入配置管理，所以这部分全局文件的变更也同样未进行变更管理。当这些全局文件发生变更时，很容易出现测试环境、开发环境，甚至包括生产环境配置不一致的情况。一旦出现这种情况，那么即使发布程序在内部确认测试时测试通过，但是部署到生产环境后系统运行失效的情况就在所难免。这实际上是因配置项缺失而带来的问题。因此，系统运行支撑的所有内容（包括基础数据、配置文件等）都需要纳入配置库进行配置管理。

（6）发布的源码版本组合为未经测试的版本组合

在项目已定义的发布流程中，可能因为一些看似合理的步骤，导致系统部署到生产环境后出现系统运行失效的情况。

那么，如何避免或者彻底解决这些问题的出现呢？那就是在测试过程中使用配置管理，具体如下：

①选取合适的配置管理工具

为了能让开发人员不用手工记录和追踪缺陷修改的源码，我们引入 IBM Rational ClearCase。通过使用 ClearCase 的 UCM（统一变更管理）模式，实现了一个可以立即用于软件开发项目的一致并基于活动的变更管理流程。UCM 是 IBM Rational 提出的用于管理软件开发过程（包括从需求到版本发布）中所有变更的"最佳实践"流程。UCM 通过抽象层次的提升简化了软件开发，从而使得软件开发团队从更高的层次根据活动（Activity）来管理变更。通过 UCM，一个开发活动可以自动地同其变更集（封装了所有用于实现该活动的项目工件）相关联，这样避免了项目成员手动跟踪所有文件变更。

②整理配置项，明确相应管理流程

为了避免因配置项缺失导致开发环境、测试环境和生产环境的不一致，我们需要对系统中所有的配置项（如公共参数、基础数据、配置信息等）进行整理，明确各种类型配置项的存放方式、控制流程。

③将配置项作为一个整体进行配置管理

配置管理工作是整个软件开发过程的生命线，对于测试人员来讲，由于测试产品与开发产品之间的密切关系，测试人员必须得到自己关心的程序的任意一个测试版本，以便可以在正确的版本上执行正确的测试用例。我们可以通过 ClearCase 的基线来实现这个功能。UCM 将项目活动嵌入各个基线中，这样测试人员可以确切地知道他们将测试什么，而开发人员则确切地知道其他开发人员做了什么。而在其他一些配置管理工具中，基线只是一个文件版本的快照，并没有将该快照关联修改这些文件对应的活动。

④增加发布前验收测试环节

由于缺少独立的发布前的确认测试环节，而将程序潜在的质量陷阱遗留到生产环境部署后才爆发。为了避免这种风险的发生，建议在项目的配置管理流程中增加发布前验收测试环节。

⑤采用并行开发方式区分不同的开发活动

在项目实际开发中，开发人员会面临不同类型的开发活动，如变更、缺陷、新增特性等。而不同类型的开发活动，它的紧急程度不一样，如果将这些开发活动混在一起工作，那么可能因为版本间的依赖影响项目的上线进度。另外,这种工作方式也会影响项目测试工作的开展。由于上线计划可能只包含部分开发活动,导致测试环境有不同上线阶段的开发活动需要测试,这种方式无形中增加了运行在生产环境的源码组合为未经测试的版本组合和未测试的版本的概率。IBM Rational ClearCase 可以很好地支持这种并行开发模式。

⑥定制文件开发方式

在项目实际开发中,通常需要对文件进行并行开发,因此存在因为多人同时修改同一个文件而需要对文件进行合并的情况。但是对于不能合并的二进制文件或不允许合并的文本文件(例如通过第三方开发工具导出的文本文件,ClearQuest 模式文件等),就不适合使用并行开发方式。因为这些文件或者不能合并,或者是不能通过简单的合并来实现版本的合并。对于这类文件如果处理不当,就会导致测试时使用了错误内容的版本而不能通过。IBM Rational ClearCase 可以很好地解决这类特定类型文件的串行开发问题。

⑦明确角色与职责

在整个测试过程与配置管理过程中,要非常清晰项目的角色划分及角色对应的职责,并要求相关角色人员严格履行各自的职责。

在软件项目开发中,配置管理贯穿于项目所有过程,而软件测试和配置管理之间的关系尤为密切,从配置管理角度给出了测试过程中常见问题产生的原因和相应的解决方案,在今后的软件测试工作中一定要更加关注配置管理的作用。

2. 软件测试风险管理

软件本身的复杂性以及测试本身的特性决定了测试活动实施过程中风险的大量存在,而风险会影响测试活动的成败,严重时还可能导致整个项目的失败。因此,对测试风险的管理越来越引起软件项目管理者的重视。

软件生命周期包括问题定义及规划、需求分析、软件设计、程序编码、软件测试和运行维护六个阶段,而软件测试之前的任何一个环节出现不严谨都可能增加软件测试活动的风险。软件测试活动中也存在各种各样的风险,其中常见风险有需求变更风险、测试过程风险、测试组织和人员风险。

(1)需求变更风险

需求变更在软件项目的实施过程中,总会不可避免地出现。如何把握好需求的变更,减少需求变更带来的风险,成为影响整个项目成败的关键。如何做好软件测试项目需求变更的管理,自然成为影响测试实施成败的关键。

①设定需求变更的参考标准,即需求基线。当软件测试项目组确认要产生需求变更时,用标准的变更申请表格将委托方的变更申请记录存档。每次的变更都应在需求基线的基础上进行。

②软件测试项目组收到委托方提交的需求变更申请后,成立项目变更控制委员会(CCB),负责对项目变更所带来的影响进行评估,包括测试项目的人力、物力、资金、管理、时间、质量、工作负荷等内部因素,以及资本、委托方要求的完工时间、项目负债情况等各个方面的影响。

③变更确定后,选择可行的实施方案。为了将项目变更的风险降低到最小,力求在尽

可能小的变动幅度内对测试项目的目标、预算、团队以及项目的进度等主要的因素进行微调。

④需求变更后,要重新确定需求基线;受影响的软件计划、产品、活动等也要进行相应的变更,以保证和最新需求的一致性。

（2）测试过程风险

在测试工作中,主要的风险有:

①需求的临时或突然变化,导致设计的修改和代码的重写,使得测试时间不够。

②测试用例没有得到100％的执行。

③质量需求或产品的特性理解不准确,造成测试范围分析的误差,结果某些地方始终测试不到或验证的标准不对。

④质量标准不是很清晰,如适用性的测试,仁者见仁,智者见智。

⑤测试用例设计不到位,忽视了一些深层次的逻辑、边界条件、用户场景等。

⑥测试环境与实际生产环境一般情况下都不可能完全一致,造成测试结果的误差。

⑦有些缺陷出现频率不是100％,不容易被重现;如果代码质量差,软件缺陷很多,被漏检的缺陷可能性就大。

⑧回归测试一般是选择性地执行部分测试用例,必然带来风险。提前做好风险管理计划和风险控制策略,可以更好地避免、转移或者降低风险。

⑨在执行项目计划,做资源、时间、成本等的估算时,要留有余地。

⑩在项目开始前,制订风险管理计划,重点把握边界上可能会出现变化、难以控制的因素。

⑪重视人员队伍的培养,为每个关键性技术岗位人员培养后备人员,确保项目不受人员流动的严重影响。

⑫制定工作机制和文档标准,保证文档的及时产生,便于项目知识的分享和移交。

⑬对工作进行相互审查,不同的测试人员在不同测试模块上相互调换,及时发现问题。

⑭日常跟踪所有工作过程,及时发现风险的迹象,以避免风险。

（3）测试组织风险

测试人员与开发者的独立程度将影响测试结果,因此,成立专门的测试组织,制定专门的测试管理流程和质量保证手册,规范测试过程,委托专门的测试组织执行测试活动,这些都是保证测试的质量的主要手段。

（4）人员风险

周期较长的项目不可避免地要面临人员的流动,从而增加项目失败的风险系数。及早预防是降低这种人员风险的基本策略。首先,建议指派一名项目副经理或项目经理助理协调项目经理管理项目工作,降低关键岗位人员流动的风险;其次,建立良好的文档管理机制,包括项目组进度文档、个人进度文档（测试日志）、版本控制文档、整体技术文档（测试策略、测试用例）、个人技术文档（测试执行记录、缺陷报告）等。一旦出现人员的变动,替补组员能够根据完整的文档尽早接手工作;其次,要加强测试项目组内的技术交流,定期召开项目例会,使测试组成员能够相互熟悉对方的工作和进度,能够在必要的时候接替对方工作；最后，为项目测试工作的开展提供尽可能好的基础环境，比如待遇、项目组内良好的人际关系和工作氛围等。良好的工作环境对于稳定项目组人员以及提高生产效率都有不可忽视的作用。

测试过程中的风险总是存在的，测试风险管理的主要目的是对测试实施活动中出现的风险进行识别和控制，并确定针对性措施，避免风险发生，或者把风险降到最小。

4.6　常用软件测试管理工具

测试管理工具有助于对测试进行规范的管理。在通常情况下，测试管理工具负责对测试过程进行管理，包括测试文档、测试执行过程、缺陷跟踪和管理。

1. HP Quality Center(QC)测试管理工具

HP Quality Center 是惠普公司的一个基于 Web 的系统，用于各种 IT 环境和应用环境中的自动软件质量测试，它专门用于优化关键质量控制活动，包括需求管理、测试计划、测试执行以及错误跟踪等功能，并实现自动化管理。在各个流程点上，都可以看到质量控制的所在位置，从而在开发和测试应用的过程中，能在管理和控制风险的同时，优化软件质量。HP Quality Center 包括 Test Director for Quality Center、QuickTest Professional、Win Runner 和新型 HP Business Process Testing 等软件产品。HP Quality Center 软件功能结构图如图 4-4 所示。

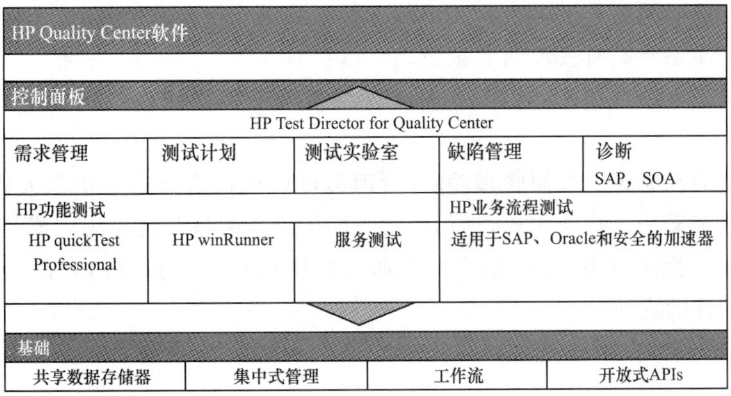

HP Quality Center软件				
控制面板				
HP Test Director for Quality Center				
需求管理	测试计划	测试实验室	缺陷管理	诊断 SAP，SOA
HP功能测试			HP业务流程测试	
HP quickTest Professional	HP winRunner	服务测试	适用于SAP、Oracle和安全的加速器	
基础				
共享数据存储器	集中式管理	工作流	开放式APIs	

图 4-4　HP Quality Center 软件功能结构图

HP Quality Center 具有如下特点：

①HP Quality Center 有助于维护测试的项目数据库，这个数据库涵盖了应用程序功能的各个方面，其设计了项目中的每个测试，以满足应用程序的某个特定的测试需求。要达到项目的各个目标，可将项目中的测试组织成各种特定的组。HP Quality Center 提供了一种直观、高效的方法，用于计划、执行测试用例，收集测试结果并分析相关的数据。HP Quality Center 还具有一套完善的系统，用于跟踪应用程序缺陷，通过它，你可以在初期检测到最后解决的整个过程中严密监控缺陷。若将 HP Quality Center 设置电子邮件系统，所有的应用程序开发、质量保证、客户支持和信息系统人员都可以共享缺陷跟踪信息。

②HP Quality Center 可以集成 HP-Mercury 的其他测试工具，如 LoadRounner 和 Visual API-XP，以及第三方或者自定义测试工具和配置管理工具，使得其应用程序测试达到完全的自动化。

③HP Quality Center 可指导软件测试人员完成测试流程的需求指定、测试计划、测试执行和缺陷跟踪。它把应用程序测试中所涉及的全部任务集成在一起，能够有助于保证得到最高质量的应用程序。

2. Bugzilla 缺陷跟踪管理工具

Bugzilla 是由 Mozilia 公司提供的一个开源的缺陷跟踪工具，目前在全球拥有大量的用户。作为一个产品缺陷的记录及跟踪工具，它能够为软件组织建立一个完善的缺陷跟踪体系。其中包括报告缺陷、查询缺陷记录并产生报表、处理解决缺陷、管理员系统初始化和设置等。

Bugzilla 为 UNIX/Linux 系统设计，也可以运行在 Windows 系统上，在网站 http://www.Bugzilla.org 上可以下载 Bugzilla 的软件包，运行 Bugzilla 需要 MySQL 数据库系统、Perl 语言包和 Web 服务器（如 Tomcat）的支持。

Bugzilla 具有以下特点：

①基于 Web 方式，安装简单，运行方便，管理安全。

②提供强大的查询匹配能力，能够根据各自条件组合进行缺陷查询，并能够记忆搜索条件。

③缺陷从最初的报告到最后的关闭都有详细的操作记录，确保缺陷不会被忽略，并允许用户在检查缺陷状态时获取历史记录。

④自带基于当前数据库的报表生成功能，主要生成两类图表：基于表格的视图和图形视图。

⑤具有灵活和完善的权限管理功能，管理员可以根据需要定义由个人或小组构成的访问组。可以定义一组特殊用户，他们所发表的评论和附件只能被组内成员访问。

⑥模型化的验证模块，方便用户添加所需系统验证。Bugzilla 内置了对 MySQL 和 LDAP 授权验证的支持。

⑦可本地化配置：管理员可以根据用户所在地域来配置使用本地的字体进行页面显示。

⑧评论回复链接：对缺陷的评论提供直接的页面链接，帮助复查人员评审缺陷。

Bugzilla 的缺陷处理流程：

①测试人员或开发人员发现 Bug 后，判断该 Bug 属于哪个模块的问题，填写 Bug 报告后，通过 E-mail 通知项目组组长或直接通知开发者。

②项目组组长根据具体情况，重新分配（Reassigned）给 Bug 所属的开发者。

③开发者收到 E-mail 信息后，判断是否为自己的修改范围。

- 若是，进行处理（Resolved）并给出解决办法。
- 若不是，重新分配（Reassigned）给项目组织或应该负责的开发者。

④测试人员查询开发者已修改的 Bug，进行重新测试。

- 经验证无误后，修改状态为 Verified，待产品发布后，修改为 Closed。

• 若还有问题,回应(Reopened)状态重新变为"New",并发邮件通知相关人员。

⑤如果这个 Bug 一周内一直没有被处理,Bugzilla 就会一直通过 E-mail 通知它的属主,直到 Bug 被处理。

3. JIRA 问题跟踪软件

JIRA 是澳大利亚 Atlassian 公司推出的一个问题跟踪管理软件,可跟踪和管理软件项目中出现的各种问题和缺陷。JIRA 注重可配置和灵活性,通过简洁易用的 Web 交互方式来满足技术用户和非技术用户的需求。目前 JIRA 已经被 35 个国家的 2000 多个软件组织的项目管理人员、开发人员、分析人员、测试人员和其他人员所广泛使用。JIRA 虽是商业软件,但对开源项目提供免费支持,因此在开源领域有很高的知名度。此外,在用户购买该软件的同时,可以得到源码便于进行二次开发。

JIRA 的特点:

①JIRA 是"问题"(Issue 或缺陷)管理工具,此处的"问题"除缺陷外,还应包括软件特征、任务和改进等内容。

②JIRA 具有高度的定制性,无论是界面、缺陷的跟踪流程还是问题属性字段的设置,都可以由用户进行定制,突显出其高度的灵活性和适应性。

③JIRA 能够跟踪软件组件和版本。

④JIRA 具有很强的查询功能,可执行全文搜索,并将查询条件保存为过滤器,不同的用户可共享过滤器。

⑤JIRA 具有灵活的用户/用户组权限管理,可设置多个权限分配方案,不同的项目可以有不同的系统权限分配。

⑥JIRA 可配置 E-mail 通知策略,不同的项目可设置不同的邮件通知方案。

⑦JIRA 具有对每个屏幕的打印选择。

⑧JIRA 具有对缺陷进行投票和监视的功能。

⑨JIRA 易于和其他系统(如 SO AP、Excel、XML、CVS、SVN、Perforce 等)实现集成。监听器和服务程序能够提供与现有系统的双向信息交换,具有良好的可扩展性,完整的 Java 应用程序接口允许用户通过编写代码直接与 JIRA 连接,从而可以无限扩展。

⑩JIRA 具有良好的平台兼容性,能够运行于安装了 JDK 的操作系统上,并能够跟几乎所有的兼容 JDBC 的数据库一起使用。

4. 其他测试管理工具

测试管理工具的代表还有 Rational 公司的 TestManager,Compuware 公司的 QA Director,自动化性能、负载测试工具 RAIDS 和 Test Studio 组合。

国内测试管理工具 TestCenter 能够实现测试需求管理、测试用例管理、测试业务组件管理、测试计划管理、测试执行、测试结果日志分析、测试结果分析、缺陷管理,支持测试需求和测试用例之间的关联关系,可以通过测试需求索引测试用例等。其包含了测试用例管理、测试业务组件管理、测试计划管理、测试执行、测试结果日志查看、测试结果分析、缺陷管理功能,具有高度的测试用例复用、测试设计与测试脚本实现分离、灵活的测试场景管理测试集合能够"一次定义,到处运行"的特点。

习题 4

1. 简述软件测试管理的目的和意义。
2. 简述测试组织管理的意义和内容。
3. 简述测试文档的内容和类型。
4. 简述软件测试管理工具的主要功能。目前我国软件测试管理工具的现状如何？

第5章

面向对象软件测试

随着面向对象概念的出现和广泛使用,使得传统的软件开发方法受到了冲击。目前,面向对象的软件开发方法已经得到认可,开发工具和开发语言也得到广泛应用,而随之出现的面向对象的软件测试也对软件测试提出了新的挑战,面向对象使软件测试更加复杂,针对面向对象的软件,如何开展测试,将是本章所要重点讨论的问题。

主要内容

- 面向对象的测试概述
- 面向对象软件测试的内容与范围
- 面向对象软件测试模型
- 面向对象软件测试用例设计
- JUnit 单元测试工具的使用

能力要求

- 了解面向对象软件测试特点
- 掌握面向对象软件测试的范围与内容
- 掌握面向对象软件测试测试模型
- 掌握面向对象软件测试用例设计常用方法
- 掌握 JUnit 自动化单元测试工具特点及使用方法

5.1 面向对象软件测试概述

面向对象的软件开发以对象、类、封装、继承、多态、消息和接口为核心,只有掌握这七个核心概念,才能真正掌握什么是面向对象,也才能更好地进行面向对象的软件测试。

5.1.1 面向对象的基本概念

1. 对象

对象是一个可操作的实体,是由数据及基于这些数据的操作封装在一起。对象之间通过消息传递来相互发生作用。

对象是有生命周期的,对象都要经历创建、访问、修改和删除四个过程。针对对象进行软件测试,应从多方面测试对象的状态与其生命周期是否相符。

2. 类

类是具有相同或相似性质的对象的抽象集合。对对象的抽象就是类,类的一个具体实例就是对象。类通过构造函数来创建新的对象,并对新的对象进行初始化,所以在测试类时,要考虑对象初始化过程是否是正确的。

3. 封装

封装就是隐藏了对象的具体细节,对一个对象,我们只知道其输入和输出,无法知道其内部实际操作过程。这一封装使测试难度加大。

4. 继承

继承是类之间的一种关联关系,继承是从已有的类中派生出新的类。通过继承,子类可以继承父类的特点与功能。

5. 多态

多态提供了将对象看成是一种或多种类型的能力。多态包含参数多态、包含多态和过载多态。多态增加了软件的灵活性,同时也使测试难度加大,工作量成倍增加。

6. 消息

消息是对象之间发生作用的关键。消息包含一些参数,在相互作用时这些参数可以相互传递。所以在做测试时,要充分考虑消息传递前后,参数能否被修改、对象的状态是否正确。

7. 接口

接口就是规范,定义了一套完整的公共行为。接口不是独立的,它与类和其他接口有一定的关系。在测试时,要考虑接口包含的行为与类的行为是否相符。

5.1.2 面向对象的分析与设计

1. 面向对象的分析

面向对象的分析(Object Oriented Analysis,OOA),是在系统所要求解的问题中找出对象(属性和行为)以及它所属的类,并定义对象与类。分析的主要过程如下:

(1)获取功能需求

这一步主要是根据参与者,确认系统的功能,这时候可以画出系统的用例图。

(2)根据功能和参与者确定系统的类和对象

面向对象软件系统,最终实现都是通过对对象的操作来完成的,而对象是通过类实例后得到的,所以获得需求后,根据类的设计原则和方法,抽象出系统中的类。

(3)确定类的层次结构、属性和方法

抽象出系统中的类之后,接下来就是确定类的层次结构和方法。根据需求说明,具体实现每个类的属性及类所具有的方法。

(4)构造对象模型

系统中类有很多,类和类之间的关联也要描述出来,这就是对象模型,对象模型分为关系模型和动态模型。静态模型描述的是类和类之间的静态关系,有关联、泛化、依赖、实现等。行为模型描述的类和类之间的动态联系,主要指系统如何响应外部的事件。

OOA 的目的就是识别出系统中的类,建立对象模型。

2. 面向对象的设计

面向对象的设计(Object Oriented Design,OOD),是根据 OOA 中确定的类和对象,设计软件系统,以作为 OOP 基础。

问题域设计:问题域模型是面向对象设计模型的四个组成部分之一,是由与问题域有关的对象构成,并且在特定的实现条件下提供用户所需功能的组成部分。它是在面向对象分析模型基础上按实现的要求进行必要的修改、调整和细节补充而得到的。

用户界面设计:设计每个界面中的所有界面元素,确定初步的界面布局,定义用户界面动作对软件系统中设计元素的要求。为了实现对用户界面相关信息和操作的控制,需要增加用户界面专用的类与对象,既要考虑在典型应用场景下屏幕之间的跳转及信息传递,又要考虑屏幕之间的静态逻辑关系。对于界面类的结构可以使用类图和包图进行描述与组织,而界面对用户操作进行相应的过程可以采用状态图进行刻画。

数据模型设计:确定设计模型中需要持久保存的类的对象及其属性,定义持久存储的数据之间的组织方式,并明确数据模型中的操作行为。必要时还需设计特定于本软件项目将采用的关系数据库管理系统的优化机制,以提高对持久数据操作的性能。

类设计:对上述设计模型中出现的类进行细化设计,精化类之间的关系以及类的服务和属性,使它们能够直接提交给软件构造阶段进行编码实现。

部署模型设计:对软件最终的元素结构以及运行的具体环境进行描述,包括刻画最终可能生成的运行文件、库文件或软件包以及这些元素之间的静态关系,软件最终运行的物理平台拓扑结构,描述其中的物理节点以及它们之间的通信和交互方式,并说明软件包、运行文件和子系统等元素在物理节点上的部署方案等。

5.2　面向对象软件测试的内容与范围

面向对象的软件开发和传统的软件开发具有自己的特点,所以传统的软件测试策略并不能完全满足面向对象的软件测试,必须需要新的测试策略。

在面向对象的软件开发中,最终是对类的开发和设计,也就是最基本的模块是类,所以面向对象的软件测试归根结底就是对类的测试。从面向对象的层次出发,可以将面向对象测试分为三个层次:类的测试、集成测试和系统测试。

1. 类测试策略

面向对象的类测试相当于面向过程的单元测试。类测试主要进行结构测试和功能测试。

测试类中的某个方法,考察其对数据进行的操作,常采用白盒测试方法进行。

测试类的状态。类是通过消息的传递来实现彼此之间的交互的。在接收和发出消息的时候,类都会有不同的状态,根据类的这些状态,进行逐个测试。

2. 集成测试策略

集成测试就是将类以一定的顺序组装起来,进行整体的功能测试。传统的自顶向下或自底向上的集成策略在面向对象集成测试中没有意义,面向对象的集成测试需要在整个程序编译完成后进行,只能对编译完成的程序做基于黑盒的集成测试。

(1)基于事件的集成

对于许多基于状态机的系统来说,其工作原理是基于状态变迁,内部模块间的接口主要是通过消息来完成的。此集成步骤如下:

①从系统外部看,分析系统可能输入的消息集。

②选取一条消息,分析其穿越过的模块。

③集成这些模块进行测试。

④选取下一条消息测试,重复②和③,直到所有模块全部集成到系统中。

(2)基于使用的集成

在面向对象系统中,类之间一般是有关联的,我们先选取那些依赖关系最小的类开始测试,逐步集成,扩大到有依赖关系的类,最后集成整个系统。其步骤如下:

①划分类之间的耦合关系。

②测试独立的类。

③测试使用一些服务器的类。

④最后逐步添加具有依赖性的类,直到整个系统集成完成。

(3)系统测试

系统测试是从用户角度去评估一个软件。我们进行功能测试即可。系统测试应该搭建与用户实际使用环境相同的测试平台,要保证被测试系统的完整性,对临时没有的系统设备,也要有模拟手段。测试内容主要包括以下几种:

①功能测试

以软件分析文档为测试标准,检验系统功能是否达到要求,是否满足客户的要求。

②强度测试

测试系统的负载情况、抗压情况。

③性能测试

与强度测试结合,测试系统运行性能。如响应时间、计算精度、出错率等。

④安全测试

验证系统在不同级别上的安全性。

⑤恢复测试

采用人工手段迫使系统出错,看系统的纠错与恢复能力。

⑥可用性测试

测试用户能否正常使用系统,操作是否易用和简单,界面是否符合用户习惯等。

5.3　面向对象软件测试模型

面向对象的软件设计和开发分成三个过程:面向对象分析(OOA)、面向对象设计(OOD)和面向对象编程(OOP)。针对这些开发过程,我们把面向对象的软件测试也分为面向对象分析的测试(OOAT)、面向对象设计的测试(OODT)、面向对象编程的测试(OOPT)。

1. 面向对象分析的测试

在面向对象分析阶段,主要工作是分析出类、对象和结构的设计,会形成面向对象分析文档,所以这个阶段主要的工作是对文档的测试,注意的地方有:

①对认定的对象的测试。

②对认定的结构的测试。

③对认定的属性和实例关联的测试。

④对定义的服务和消息关联的测试。

2. 面向对象设计的测试

面向对象设计阶段主要是对类和结构进行详细设计,从而构造出类库,实现分析结果对问题空间的抽象。面向对象设计是对面向对象分析的进一步细化和更高层的抽象。同样会形成面向对象设计文档。所以该阶段主要还是对文档的测试,需要注意的问题是:

①类的测试。

②类层次结构的测试。

③类库的支持的测试。

3. 面向对象编程的测试

面向对象程序是通过对类的操作实现软件功能的,是由能正确实现功能的类来构成的软件系统。这些类通过消息传递来协同实现设计要求。所以在面向对象编程的测试中,需要忽略类功能实现的细则,将测试的重点放在类功能的实现和相应的程序风格上,并注意以下两个问题:

(1)数据成员是否满足数据封装的要求

数据封装是数据和数据有关操作的集合。检查数据成员是否满足数据封装的要求,其基本原则是数据成员能否被外界直接调用。

(2)类是否实现了要求的功能

类所实现的功能,都是通过类的成员方法执行的。在测试类的功能实现时,首先要保证类的成员方法的正确性。

5.4　面向对象软件测试用例设计

面向对象软件的测试用例的设计方法,还处于研究、发展阶段。与传统软件测试不同,面向对象测试关注于设计适当的操作序列以检查类的状态。

5.4.1　测试类的方法

对面向对象的软件来说,在前面我们讲述过类的测试策略,一般着重测试单个类和类中封装的方法。测试单个类的方法主要有随机测试、划分测试和基于故障的测试等三种。

1. 随机测试

下面以银行应用系统为例,简要地说明这种测试方法。

假设该系统中有一账户类 account,该类有以下八种类操作:open(打开),setup(建立),deposit(存款),withdraw(取款),balance(余额),summarize(清单),creditLimit(透

支限额)和 close(关闭)。前面每个操作都可以应用于 account 类的实例。从日常生活我们可以知道如下规则:必须在应用其他操作之前先打开账户,在完成了全部操作之后才能关闭账户。

我们测试该类的操作时,最小的测试序列为:open、setup、deposit、withdraw、close。这就是我们的一个测试用例。

但在实际应用中,用户可能会做出很多操作,会产生不同的系列,如基于下列操作过程,会随机形成许多操作系列。open、setup、deposit、[deposit ∣ withdraw ∣ balance∣ summarize ∣creditLimit]、withdraw、close。

其中我们以两个随机的为例。

测试用例 TestCase1:open、setup、deposit、deposit、balance、summarize、withdraw、close。这就是随机测试用例 1。

测试用例 TestCase2:open、setup、deposit、withdraw、deposit、balance、creditLimit、withdraw、close。这就是随机测试用例 2。

通过上述最小测试系列和随机测试系列产生的测试用例,可以测试类的不同生存状态。

2.划分测试

与传统的软件测试方法中的等价类划分法类似,我们对类的输入和输出也划分类别,然后设计测试用例去测试划分出来的类别。

(1)基于状态的划分

这种方法根据类操作改变类状态的能力来划分类操作。我们仍然采用 account 类,从对该类的分析中,我们可以知道,该类的状态操作包括 deposit 和 withdraw,而非状态操作有 balance、summarize 和 creditLimit。那么,如何去设计测试用例呢? 我们的出发点是,设计出来的测试用例,以分别测试改变状态的操作和不改变状态的操作。经过设计,我们可以得出如下的测试用例:

测试用例 TestCase1:open、setup、deposit、deposit、withdraw、withdraw、close。

测试用例 TestCase2:open、setup、deposit、summarize、creditLimit、withdraw、close。

测试用例 TestCase1 改变状态,而测试用例 TestCase2 测试不改变状态的操作(在最小测试序列中的操作除外)。

其实,通过构造 OSD 模型来进行类的状态测试。OSD(Object State Diagram)模型即对象状态图模型,是用于测试对象状态行为的测试模型。描述对象在其生命周期中所有状态及状态的转移。构造 OSD 模型的步骤如下:

①扫描源程序并得出执行分析表

执行分析表中的一行就表示对象中一个成员方法的一条执行路径,包括该路径执行需要的条件和执行后的结果表达式。

②确定对象状态

分析得出执行分析表,列出状态变量所有可能的状态和取值。

③构造状态转移

规定 S_i 为一个状态,它代表一个确定的取值范围,$S_i(z)$ 表示状态变量 z 在此取值范围内,PC 表示一条路径执行条件。通过下面步骤构造转移。

a. 创建空的可达的状态集合 RS。

b. 把由构造函数产生的状态加入 RS 集合中,称为初始状态。如果没有构造函数,就把所有状态加入 RS 集合中。

c. 在 RS 集合中选择一个状态 Si 作为前导状态,如 Si 为初始态,则把构造函数加入状态 Si 的转移集合中。

d. 选择一条引用状态变量 D 的路径 P,PCi 作为其执行条件。如果条件 $Si(D)$ 和 Pa 成立,则该路径产生一次转移,并将路径加入转移集合中。如果条件不成立,则放弃该路径。

e. 检查所有的后继状态,把正确的后继状态加入 RS 集合中。

f. 重复 d、e 两步,直到选择所有的路径。

g. 从 RS 集合中去掉状态 Si,再重复 c～f 步直到 RS 集合为空。

④构造测试消息序列

通过对 OSD 模型进行遍历,就能得到一个消息序列。

⑤生成测试用例

测试消息序列从起点到结点的路径是一个合理的测试消息序列。

下面以一个实例进行说明。设计一个 Java 类 adviceDelete,实现建议的删除功能。源程序如下:

```java
Public class adviceDelete
{
    Private string adviceNO, state;
    Private string type;
    Advice advice = new Adivce();
    Public adviceDelete()
    {
        Type = "delete";
        State = "new";
        adviceNO = advice.getadviceNo(type);
    }
    Public adviceDelete(string no)
    {
        Type = "delete";
        State = "new";
        adviceNo = no;
        state = advice.getstate(no);
    }
    Public void quickDelete()
    {
        If(state == "new")
            State = "confirmed";
    }
```

```
Public void applyDelete()
{
    If(state=="new")
        State="unconfirmed";
    If(state=="canceled")
        State="end";
}
Public void confirmDelete()
{
    If(state=="unconfirmed")
        State="confirmed";
}
Public void delete()
{
    If(state=="confirmed")
    {
        Advice. delete(adviceNo);
    }
    State="completed";
}
Public void cancelDelete()
{
    If(state! ="completed")
        State="canceled";
}
Public void completedDelete()
{
    If(state=="completed")
        State="end";
}
}
```

a. 扫描源程序,得出扫行条件与结果分析

执行分析表中的一行就表示对象中一个成员方法的一条执行路径,其中包括该路径执行所需要的条件及执行的结果表达式。一般我们只列出引起对象状态改变的表达式。如果没有该表达式,则置为空。当遇到在某一执行条件下无任何语句执行的情况,则分析表的结果表达式注明"不执行",见表 5-1。

表 5-1   分析表

路径	执行条件	结果表达式
adviceDelete()	无	State="new"
adviceDelete(string no)	无	State 的所有状态

（续表）

路径	执行条件	结果表达式
quickDelete()	State=="new"	State="confirmed"
	State!="new"	不执行
applyDelete	State=="new"	State="unconfirmed"
	State=="canceled"	State="end"
	State=="new"&&"Canceled"	不执行
confirmDelete()	State=="unconfirmed"	State="confirmed"
	State!="unconfirmed"	不执行
Delete()	State=="confirmed"	State="complete"
	State!="confirmed"	不执行
cancelDelete()	State!="complete"	State="canceled"
completeDelete()	State=="complete"	State="end"
	State!="complete"	不执行

b. 确定状态变量

根据表 5-1,可以得到 state 的状态和取值,分别是 S0(new)、S1(unconfirmed)、S2(confirmed)、S3(completed)、S4(canceled)、S5(end)。

c. 构造转移

图 5-1 为 adviceDelete 类构造的 OSD 模型。

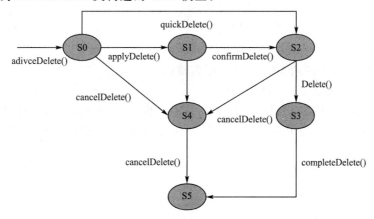

图 5-1　OSD 模型图

d. 构造测试消息序列

- S0、S1、S2、S3、S5
- S0、S2、S3、S5
- S0、S2、S4、S5
- S0、S1、S4、S5
- S0、S4、S5

（2）基于属性的划分

按类操作所用到的属性来划分。我们仍然采用 account 类，其 creditLimit 属性可被分割成三种操作：用 creditLimit 的操作；修改 creditLimit 的操作；不用也不修改 creditLimit 的操作。这样，我们测试序列可以按每种分割来设计。

（3）基于类型的分割

按完成的功能划分。例如，在 account 类的操作中，可以分割为：初始操作 open、setup；计算操作 deposit、withdraw；查询操作 balance、summarize、creditlimit；终止操作 close。

5.5 面向对象软件测试工具 JUnit

5.5.1 单元测试工具和框架

近几年，随着 Java、.NET 等面向对象语言的流行，面向对象的软件测试也逐渐被大家所接受。面向对象的测试分为面向对象分析的测试（OOAT）、面向对象设计的测试（OODT）、面向对象编程的测试（OOPT）。其中面向对象编程的测试又分为单元测试和集成测试。

一些致力开源软件开发的研究者为我们开发了一系列自动化的单元测试框架 XUnit，在这一框架中提供了面向不同语言的单元测试框架。如面向 Java 语言的 JUnit 框架，面向.NET 的 NUnit，面向 C++ 语言的 cppUnit。本节关注 JUnit。

单元测试框架应当遵守的三条规则：

①每个单元测试都必有独立于其他单元测试的运行。

②必须以单项测试为单位来检测和报告错误。

③必须易于定义要运行哪些单元测试。

JUnit 测试框架的第一个和最杰出的应用就是由 Erich Gamma（《设计模式》的作者）和 Kent Beck（XP（Extreme Programming）的创始人）提供的开放源代码的 JUnit，如图 5-2 所示。

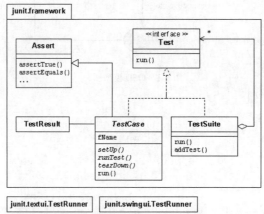

图 5-2　JUnit 框架

说明如下：

JUnit 框架主要由 TestCase、TestSuite、TestRunner、Assert、TestResult、Test 和 TestListener 这七个核心类和接口组成。

测试人员对 TestCase 类进行继承，开发自己的类测试驱动程序，其余的类用来支持 TestCase 类，比如：

①TestSuite 用来聚合多个测试用例（TestCase）。

②Assert 类实现期望值（Expected）和实际值（Actual）的验证。

③TestResult 收集所有测试用例执行的结果。

Test 接口是这个包的关键所在，它建立了 TestCase 和 TestSuite 之间的关联，同时为整个框架做了扩展预留。

TestCase 类用来定义测试中的固定方法，是 Test 接口的抽象实现：

①扩展了 JUnit 的 TestCase 抽象类的类，以 testXxx 方法的形式包含一个或多个测试。

②TestCase 是 Test 接口的抽象实现。

③其构造函数 TestCase(String name)可以根据输入的测试名称创建一个测试用例。

④setUp()方法用于集中初始化测试所需的所有变量和实例，并在调用测试类中的每个测试方法前都会再次执行，这样保证了每次测试的独立性。

⑤tearDown()方法则在执行测试后，释放变量和实例。

（1）TestSuite 类

①TestSuite 负责组装多个 TestCases，是把多个相关测试归入一组的便捷方式。

②测试中可能包括了对被测类的多个测试，TestSuite 负责收集组合这些测试，以便可以在一个测试中完成全部的对被测类的多个测试。

③TestSuite 类实现了 Test 接口，且可以包含其他的 TestSuites。它可以处理加入 Test 时抛出的所有异常。

TestSuite 处理测试用例时有五个规则，具体如下：

①测试用例必须是公有类（Public）。

②测试用例必须继承 TestCase 类。

③测试用例的测试方法必须是公有的（Public）。

④测试用例的测试方法必须被声明为 void。

⑤测试用例中测试方法的前置名词必须是 test。

（2）TestRunner 类（测试运行器）

①TestRunner 用来启动测试的用户界面，BaseTestRunner 是所有 TestRunner 的超类。

②JUnit 提供了三种运行器，分别为：testui. TestRunner；awtui. TestRunner；swingui. TestRunner；前一种是文本方式；后两种是图形方式，都扩展于 BaseTestRunner。

③测试成功，字符界面返回 OK，图形显示条界面呈绿色，且没有 failures 和 errors 提示。

以上三个类是 JUnit 框架的骨干。

Test 接口,运行测试并把结果传递给 TestResult。它的 Public int CountTestCases()方法用来统计本次测试有多少个 TestCase。在 Public void run(TestResult)方法中,参数 TestResult 作为接受测试结果的实例,run()方法用来执行本次测试。

Assert 类静态类,包含了一组静态的测试方法,主要是能够测试不同条件的断言方法。常用的断言方法如下:

表 5-2   断言方法

断言方法	描述
assertEquals(a,b)	测试 a 是否等于 b
assertFalse(a)	测试 a 是否为 false,a 是一个 Boolean 值
assertNotNull(a)	测试 a 是否非空,a 是一个对象或者 null
assertNotSame(a,b)	测试 a 和 b 是否没有都引用同一个对象
assertNull(a)	测试 a 是否为 null,a 是一个对象或者 null
assertSame(a,b)	测试 a 和 b 是否都引用同一个对象
assertTrue(a)	测试 a 是否为 true,a 是一个 Boolean 值

TestResult 结果类用于测试结果的描述与记录。

TestListener 接口是事件监听器,可供 TestRunner 类使用。

前三个类和后四个类紧密配合,形成 JUnit 框架的核心。

5.5.2 JUnit 单元测试实例

1. 项目一描述

对一个计算器程序的类实现,使用 JUnit 框架进行单元测试。

```
public class Calculator {
    private int a;
    private int b;
    //类构造函数
    public Calculator(int x,int y)
    {
        a=x;
        b=y;
    }
    //实现加法
    public int add(){
        return a + b;
    }
    //实现减法
    public int minus(){
        return a - b;
    }
```

```
//实现乘法
public int multiply(){
    return a * b;
}
//实现除法并抛出异常
public int divide() throws Exception{
    if(0 == b){
        throw new Exception("除数不能为零!");
    }
    return a/b;
}
}
```

该类中只有四个方法实现,实现了计算加、减、乘、除功能。

2. 运用 JUnit 进行单元测试

①新建一个 JUnit Test Case 项目,命名为 TestCalculator,如图 5-3 所示。

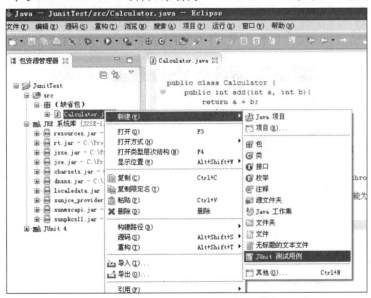

图 5-3　新建 JUnit 测试项目

②新建一个类,命名为 Calculator,输入类代码,如前面项目一描述的代码。

③新建 JUnit 测试类,如图 5-4 所示。

把计算器类的那四个方法选中,加入测试类中,如图 5-5 所示。

④分别完善初始化和各测试方法。在 TestCalculator 中输入斜体部分代码(为新添加代码)。

import static org.junit.Assert.*;

import org.junit.After;

import org.junit.Before;

import org.junit.Test;

public class CalculatorTest {

图 5-4　新建测试类

图 5-5　把测试类四个方法加入测试类中

private Calculator cal；

@Before

public void setUp() throws Exception {

　　cal = *new Calculator*(20，5)；

}

@After

```
    public void tearDown() throws Exception {
    }
    @Test
    public void testAdd() {
        assertEquals(25,cal.add());
    }
    @Test
    public void testMinus() {
        assertEquals(15,cal.minus());
    }
    @Test
    public void testMultiply() {
        assertEquals(100,cal.multiply());
    }
    @Test
    public void testDivide() throws Exception {
        assertEquals(4,cal.divide());
    }
}
```

⑤运行测试类，如图 5-6 所示。

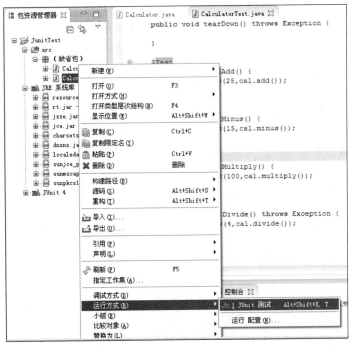

图 5-6　运行测试类

⑥查看运行结果

绿色表示四个方法全部通过测试，如图 5-7 所示。如果测试失败，则显示红色进度条，并在窗口显示错误追踪，如图 5-8 所示。

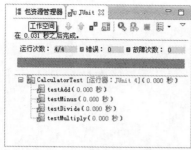

图 5-7 测试成功结果

图 5-8 测试失败结果图

3. 项目二描述

建立一要被测试的数据类 Student，使用 JUnit 进行单元测试。

创建一个 Java 工程，在工程中创建一个被单元测试的 Student 数据类。

```java
public class Student {
    private String name;
    private String sex;
    private int high;
    private int age;
    private String school;
    public Student(String name, String sex, int high, int age, String school)
    {
        this. name = name;
        this. sex = sex;
        this. high = high;
        this. age = age;
        this. school = school;
    }
    public String getName()
    {
        return name;
    }
    public void setName(String name)
    {
        this. name = name;
    }
    public String getSex()
    {
        return sex;
    }
    public void setSex(String sex)
    {
        this. sex = sex;
```

```
    }
    public int getHigh()
    {
        return high;
    }
    public void setHigh(int high)
    {
        this. high = high;
    }
    public int getAge()
    {
        return age;
    }
    public boolean setAge(int age)
    {
        if(age >25)
        {
            return false;
        }
        else {
            this. age = age;
            return true;
        }
    }
    public String getSchool()
    {
        return school;
    }
    public void setSchool(String school)
    {
        this. school = school;
    }
}
```

添加 JUnit 包,如图 5-9 所示。

导入后结果如图 5-10 所示。

新建一测试类 StudentTest,在其中分别对 Student 类中的 getSex()和 getAge()方法进行测试。测试类 StudentTest 代码如下:

```
import static org. junit. Assert. * ;
import org. junit. Test;
import junit. framework. TestCase;
```

图 5-9　添加 JUnit 包

图 5-10　导入后结果

```java
public class StudentTest extends TestCase
{
    Student testStudent;
    //此方法在执行每一个测试方法之前(测试用例)之前调用
    @Override
    protected void setUp() throws Exception
    {
        super.setUp();
        testStudent = new Student("fushi","男",160,33,"海南软件职业技术学院");
        System.out.println("setUp()");
    }
    //此方法在执行每一个测试方法之后调用
    @Override
    protected void tearDown() throws Exception
    {
```

```
        // TODO Auto-generated method stub
        super. tearDown();
        System. out. println("tearDown()");
    }
    //测试用例,测试 Student 对象的 getSex()方法
    public void testGetSex()
    {
        assertEquals("男", testStudent. getSex());
        System. out. println("测试性别 testGetSex()");
    }
    //测试 Student 对象的 getAge()方法
    public void testGetAge()
    {
        assertEquals(33, testStudent. getAge());
        System. out. println("测试年龄 testGetAge()");
    }
}
```

运行测试类 StudentTest,结果如图 5-11 所示。

图 5-11　运行测试类 StudentTest 结果

上述测试类 StudentTest 测试是成功的情况,下面看看运行失败的情况。新建另一测试类 StudentTestanother,代码如下:

```
import static org. junit. Assert. *;
import org. junit. Test;
import junit. framework. TestCase;
public class StudentTestanother extends TestCase
{
    Student testStudent;
    //此方法在执行每一个测试方法之前(测试用例)之前调用
    @Override
    protected void setUp() throws Exception
    {
        super. setUp();
        testStudent = new Student("fushi","男",160,33,"海南软件职业技术学院");
        System. out. println("setUp()");
    }
```

```
//此方法在执行每一个测试方法之后调用
@Override
protected void tearDown() throws Exception
{
    // TODO Auto-generated method stub
    super. tearDown();
    System. out. println("tearDown()");
}
//测试用例,测试 Student 对象的 getSex()方法,这里"Sex"属性值为"女",与预期值不一致。
public void testGetSex()
{
    assertEquals("女", testStudent. getSex());
    System. out. println("测试性别 testGetSex()");
}
//测试 Student 对象的 getAge()方法,这里"Age"属性值为 45,与预期值不一致。
public void testGetAge()
{
    assertEquals(45, testStudent. getAge());
    System. out. println("测试年龄 testGetAge()");
}
}
```

运行测试类 StudentTestanother,结果如图 5-12 所示。

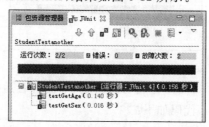

图 5-12　运行测试类 StudentTestanother 结果

前面我们讲述过 TestSuite 类用来聚合多个测试用例(TestCase)。如果我们要同时运行上述的两个测试类 StudentTest 和 StudentTestanother 类,可以设计一个类 AllTestSuite,在类中建立一个 TestSuite 类对象,调用其 addTestSuite()方法实现运行多个测试用例。代码如下:

```
import junit. framework. Test;
import junit. framework. TestSuite;
public class AllTestSuite
{
    public static Test suite()
    {
        TestSuite suite = new TestSuite("运行全部测试用例");
        suite. addTestSuite(StudentTest. class);
```

suite. addTestSuite(StudentTestanother. class)；

    return suite；

  }

}

运行该测试类,结果如图 5-13 所示。

图 5-13　运行 AllTestSuite 类结果

习题 5

1. 面向对象的软件测试与传统的软件测试有什么区别?

2. 简述面向对象的软件测试范围和内容。

3. 面向对象软件测试类的方法有哪些?

4. 简述 OSD 模型设计测试用例的过程。

5. JUnit 框架核心类和接口分别是哪些?

6. 使用 JUnit 进行单元测试的简单过程是怎样的?

7. 简述面向对象测试的集成测试策略。

8. 简述面向对象测试中系统测试的内容。

第6章

基于 Web 的测试

什么是基于 Web 的测试？基于 Web 的测试与传统的软件测试有什么不同之处？Web 测试主要从哪些方面进行测试才能满足设计和用户的最终需求与要求以及 Web 测试所要注意的问题。

主要内容

- 基于 Web 的测试概述
- 基于 Web 的性能测试
- Web 应用的功能测试
- Web 应用的界面测试
- Web 应用的客户端兼容性测试
- Web 应用的网络及安全性测试

能力要求

- 了解 Web 系统测试特点
- 掌握 Web 系统功能测试内容与方法
- 掌握 Web 系统性能测试内容与方法
- 掌握 Web 系统界面测试内容与方法
- 掌握 Web 系统测试兼容性测试内容与方法
- 掌握 Web 系统安全性测试内容与方法

6.1　基于 Web 的测试概述

随着互联网的发展和广泛应用，以及 Web 应用的增多，在新的模式解决方案中，以 Web 为核心的应用也越来越多，很多公司各种应用的架构都是以 B/S 及 Web 应用为主。Web 网站已经极广泛地应用于政府机关、企事业单位、科研机构、证券金融公司、教育娱乐等各个领域，对人们的生活和工作产生了深远的影响。

基于 Web 的测试是一项非常重要、复杂的工作，也是一项具有挑战性和一定难度的工作。基于 Web 的测试与传统的软件测试不同，它不但要按照软件设计需求和规格说明书去验证软件的功能，还要测试系统在不同浏览器端的运行。另外，基于 Web 的测试还需要从用户角度进行性能测试、界面测试以及安全性测试等。然而,Web 系统的不可预见性使基于 Web 的测试变得更加困难。因此,必须要研究基于 Web 的测试方法和技术。

基于 Web 的测试方法应当尽量覆盖 Web 系统的各个方面,测试方法和技术除了要继承传统的软件测试技术和方法,还要符合 Web 系统及应用的特点,特别是移动 Web 应用系统的测试。

基于 Web 的测试与传统的软件测试有相同之处,亦有不同之处,这对软件测试提出了新的要求与挑战。由于 Web 应用与用户直接相关,又通常需要承受长时间的大量操作,因此 Web 项目的功能和性能都必须经过可靠的验证,这就需要经过 Web 项目的全面测试。通常基于 Web 的测试内容主要包含以下几个方面:

- 功能测试
- 性能测试
- 安全性测试
- 可用性、易用性测试
- 配置和兼容性测试
- 数据库测试
- 代码合法性测试
- 界面测试

实际上,Web 系统各式各样,针对具体的情况要选择不同的测试方法与技术。图 6-1 是一个典型的 Web 网站首页,具有各种可测的网页特性。而图 6-2 是一个典型的电子商务网站首页,界面直观,测试起来并不是很困难。

图 6-1　典型的 Web 网站首页

图 6-2　典型的电子商务网站首页

6.2　Web 应用的功能测试

功能测试是软件测试中重要的测试组成部分,在实际测试工作中,每个 Web 系统的功能都不一样,也具有不确定性,如果要列举一个 Web 系统的全部功能不太现实,所以基于 Web 的测试重心在于检验 Web 系统的功能是否符合《需求规则说明书》和《设计说明书》中的各项要求。

对于 Web 系统,特别是网站的测试,每一个功能模块都需要去设计独立的测试用例并进行测试。功能测试主要参考的文档是《需求规格说明书》《概要设计说明书》和《详细设计说明书》。对于应用程序模块应当采用白盒测试技术中的基本路径测试覆盖法进行测试。

功能测试主要包括对以下几个方面的测试:

- 内容测试
- 链接测试
- 表单测试
- Cookies 测试

6.2.1　内容测试

网站的内容测试用来检验网站提供的信息的准确性、正确性、相关性。

1. 准确性

网站内容的准确性是指网页文字描述是否有拼写错误或语法错误,我们可以使用语法或者拼写错误检查工具来提供内容的准确性,大家最熟悉的一个就是 Microsoft Office Word 的"拼音和语法检查"功能,提供语法和拼音的纠正功能。在开发过程中,开发人员为了使页面更加美观而改动了文字,但这个改动可能会使人产生严重的误解。所以测试人员在测试时要注意检查页面文字和内容表达是否得体和恰当。

2. 正确性

网站内容的正确性是指网站提供的内容是可靠的，而不是谣传。例如，在提供在线考试类网站中，所提供试题应避免出现常识性错误。网站提供的一条信息，如果是虚假的，或是涉及法律方面的问题，又或是该信息会在社会中引起恐慌，都会给公司造成不必要的麻烦。

3. 相关性

网站内容的相关性是指在当前页面可以找到与浏览信息相关的信息列表或入口。比如在教务管理系统中查询课表，当用户输入和选择查询功能之后，系统应当列出班级提供给用户选择，也就是要提供内容推送的效果。

网站的内容测试，我们可以从以下几个方面进行检查：

①网站的内容是否有错别字，特别是在标题中，是否有明显的错别字。如，把"提供"写成了"提高"，把"准确"写成了"正确"。

②网页的各个页面标题是否有层次感和是否能够正确标识页面的内容。比如读者进入网站的比较深层次的页面，可能会因为突然开小差而不知道现在是在阅读哪些方面的内容，但设计友好的网页标题可以直观地帮助他们解决当前的问题。

③提高用户体验，如用户是否需要向右或者向下拖动滚动条才能看见网站的重要信息。有些网站为了能够显示大量的信息，页面中加入了大量文字，用户要下拉或是左右拉才能看到其想要的内容，这样就降低了客户体验。

④表格的高度和宽度是否合适，表格中的文字是否会有折行，会不会因为内容太多拉长了整行，从而影响整个页面的效果。

⑤重要内容的直观性。比如商务服务型网站，这类网站主要目的是宣传某些产品或者某种服务，如公司简介、联系电话、QQ 等这些重要的信息就要让用户能够直观地看到，否则会削弱或是失去网站及页面所起到的宣传作用。

页面内容测试用例示例见表 6-1。

表 6-1　　　　　　　　　　页面内容测试用例示例

测试用例编号	操作描述	数据	期望结果	实际结果
TestCase001	单击"查询教师课表"	各位教师姓名	查询列表中列出教师姓名	一致／不一致

6.2.2　链接测试

链接主要作用是使用户能够从一个页面跳转到另外一个页面，是用户跳转的主要手段。链接测试需要去验证以下三方面的正确性：

①用户单击链接后，能否链接到指定的页面。

②指定的页面是否存在。

③Web 系统中有没有独立页面。独立页面是指不能通过链接直接访问、要通过 URL 地址才能访问到的页面。

链接是比较重要的，在 Web 系统测试中，必须作为一个独立的项目进行测试。对于用户来说,链接是用户访问网站和使用网站的基础,链接应当在集成测试阶段进行测试,也就是必须在所有页面开发完成之后进行。

常用的链接检测工具有:

Xenu Link Sleuth,也许是你所见过的最小但功能很强大的检查网站死链接的软件。你可以打开一个本地网页文件来检查它的链接,也可以输入任何网址来检查。它可以分别列出网站的活链接以及死链接,连转向链接它都分析得一清二楚。支持多线程,可以把检查结果存储成文本文件或网页文件。

Link Checkers,在线工具。可以抓取网站内容来检查网站死链接,准确定位有问题的超链位置。如图 6-3 所示。

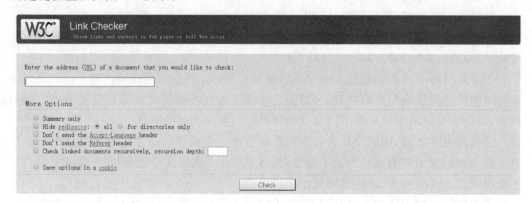

图 6-3　Link Checkers 在线检测

Link Checker pro,支持 HTTP、HTTPS 和 FTP 等在内的全部网络协议,支持对超过 100000 个链接的大型站点进行死链扫描,提供免费试用版本与付费版本。

Web Link Validator,支持检测语法是否正确,支持对巨大数量的网页与链接进行检测。同时,还支持扫描图片、Java 脚本、Flash 和表格等中的链接。该工具需下载安装,可免费试用 30 天。

6.2.3　表单测试

在动态网页中,或是在 Web 系统中,用户经常通过表单的形式向服务器提交信息,如用户进行登录、注册、信息提交等。表单测试主要是要模拟表单提交过程,检测表单提交准确性,确保每一个字段都能够正确提交。

表单在网页中主要负责数据采集功能。一个表单有三个基本组成部分:表单标签;表单域,包含了文本框、密码框、隐藏域、多行文本框、复选框、单选框、下拉选择框和文件上传框等;表单按钮,包括提交按钮、复位按钮和一般按钮。具体的表单测试内容要考虑的方面有:

1. 数据添加测试

①添加按钮可用,测试单击添加按钮,能够进入相应的添加页面。

②进入添加页面,验证输入字段和需求描述一致。

③所有输入字段输入合法数据,单击保存按钮,系统应该有保存成功提示信息,在数

据库中有新保存的数据,通过查询页面,也可以查询到添加的数据,并验证数据是否正确。

④重新进入添加页面,所有字段输入有效数据,然后从第一个字段开始,按如下几项依次验证每个输入字段。之所以从第一个输入字段开始依次验证,是因为这样可以保证不遗漏任何字段,同时也可以节省测试时间。

⑤重复提交信息,如一条已经成功提交的纪录,返回后再提交,看看系统是否做了处理。

⑥在同一软件不同界面切换时,每打开一个界面是否总是要切换输入法。

2. 数据修改测试

①修改按钮可用,测试单击修改按钮,能够进入相应的修改页面。

②修改各字段信息时,验证方法同添加,但还需验证添加和修改的一致性。

③保存修改内容。

④重新查询修改后的内容。

⑤关联流程测试:一条数据引用另一条数据,修改被引用数据后,引用数据是否跟随变化。

3. 数据删除测试

①可能造成严重后果的删除操作,系统是否支持执行可逆,或给出警告,删除前是否要求确认。

②删除操作是否正确执行,若删除的内容在文件或数据库中,应做实际校验。

③删除记录后,再添加一条相同的信息,检查能否成功添加(例如:删除用户后再创建相同登录名的用户)。

④对可批量删除记录的系统,删除一个或多个记录,检查能否正确执行。

⑤关联流程测试:如一条数据引用另一条数据后,删除被引用数据,系统是否提示。

⑥删除正在使用信息,系统能否正确处理。

⑦删除级联记录的上游或下游记录,系统能否正确处理。

⑧记录中包含的缺省系统信息能否删除。

⑨不选择任何记录,直接执行删除,检查系统如何处理,是否会出错。

⑩重新使用已删除的数据。

4. 查询与统计测试

①对非法的时间范围系统能否正确处理。

②查询统计语句包含多个与或非条件时,系统能否正确处理。

③条件逻辑混乱,系统能否正确处理。

④多表查询统计及单表查询统计功能是否正确实现。

⑤分类查询、精确查询、模糊查询、无条件查询和组合查询能否完整列出满足条件的记录。

⑥能否按系统默认的条件进行查询。

⑦当统计时间段为当日、跨日、跨月、跨季、跨年度时,查询统计结果是否正确。

⑧当某些操作被别人取消后,设置条件段为取消前、取消后、包含取消操作的一段时间。

⑨以不同的权限登录时,查询、统计是否正确。

⑩在查询或统计大数据量时,系统是否允许终止操作。

⑪查询、统计按钮是否允许双击或更多的单击,系统做何反应。

⑫查询出的数据是否允许修改。

⑬查询出的数据是否允许删除。

⑭到数据来源验证查询统计结果的正确性。

⑮查询统计结果大于每页默认条数时,翻页查看结果是否正确。

⑯导出文件与查询统计结果是否一致。

⑰输入非法的查询关键字进行查询,如:输入特殊字符或数据库通配符,查询结果是否正确,是否有正确的提示信息。

⑱查询/统计字段是否在数据源中存在,统计报表样式是否符合需求规格。

表单测试用例示例见表 6-2。

表 6-2　　　　　　　　　　　表单测试用例示例

测试用例编号	操作描述	数据	期望结果	实测结果
TestCase001	使用 Tab 键从一个字段跳到下一个字段	开始字段区=	正确顺序移动	一致、不一致
TestCase002	输入字段所能接受的最大长度字符串	字段名= 字符串=	正常接受输入	一致、不一致
TestCase003	输入超出最大长度字符串	字段名= 字符串=	拒绝接受输入	一致、不一致
TestCase004	在一个必填写项中不填写内容,直接提交表单	字符串=	正常接受输入	一致、不一致
TestCase005	在可选字段中不填写内容,直接提交表单	字符串=	提示必须填写项信息提示	一致、不一致

表单示例如图 6-4 所示。

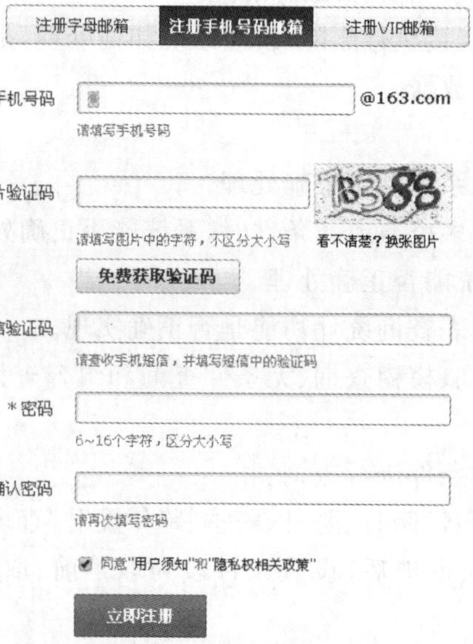

图 6-4　表单示例

6.2.4　Cookies 测试

　　Cookies,简单地说就是在用户通过客户端访问服务器端的过程中,被服务器端创建保存在客户端的一段 Code,只适用于 Web 中。Cookies 文件通常保存在这个文件夹下面:C:\Documents and Settings\Administrator\Cookies,所有访问的 Web 网站都会被记录在里面,除非我们手动删除了。有关 Cookies 的使用可以参考浏览器帮助信息。

　　如果 Web 系统启用了 Cookies,测试人员需要对它们进行相关测试。测试的内容包括是否使用了 Cookies、Cookies 作用时间、刷新对 Cookies 有什么样的影响。如果在 Cookies 中保存了注册信息,请确认该 Cookies 信息能够正常工作并对这些信息进行了加密。如果使用 Cookies 进行了计数统计,则需要验证计数的准确性。

　　Cookies 测试一般采用黑盒测试,包括上面提到的方法,也可以采用一些 Cookies 测试的工具软件,如 IECookiesView v1.50、Cookies Manager v1.1。

　　对 Cookies 的测试方法主要有:

　　屏蔽 Cookies:检测当 Cookies 被屏蔽时 Web 系统会出现什么问题。首先关闭所有浏览器实例,删除所有 Cookies。然后设置 Internet 选项,"屏蔽 Cookies"选择设置"阻止所有 Cookies"。再运行 Web 系统的所有主要功能,很多时候会出现功能不能正常运行的情况。如果用户必须激活 Cookies 使用设置才能正常运行 Web 系统的话,则要求 Web 服务器能正确识别出客户端的 Cookies 设置情况。

　　有选择性地拒绝 Cookies:如果某些 Cookies 被接受,某些被拒绝,Web 系统会发生什么事情? 首先删除所有 Cookies,然后设置 IE 下的 Cookies 选项为提示状态,再运行 Web 系统的所有主要功能,在弹出的 Cookies 提示中,接受某些 Cookies,拒绝某些 Cookies,检查 Web 系统的工作情况。有可能 Web 系统会因此而出现错误、崩溃、数据错乱或其他不正常的行为。

　　篡改 Cookies:如果某些存储下来的 Cookies 被篡改了,或者被删除了,Web 系统会怎样? 如果 Web 系统不能检测到 Cookies 数据被篡改,则可能出现功能异常,或数据错乱等问题。

　　Cookies 加密测试:检查 Cookies 文件内容,看是否有用户名、密码等敏感信息存储,并且被加密处理。某些类型的数据即使是加密了也绝不能存储在 Cookies 文件中,如信用卡号。测试方法:手工打开所有 Cookies 文件查看,也可利用 Cookies 编辑工具来查看。

　　Cookies 测试用例示例见表 6-3。

表 6-3　　　　　　　　　　　Cookies 测试用例示例

测试用例编号	操作描述	数据	期望结果	实测结果
TestCase001	测试 Cookies 打开和关闭状态	Web 网页=	Cookies 在打开时是否起作用	一致、不一致
TestCase002	修改 Cookies	Web 网页=	系统能正常检测到 Cookies 已经被修改	一致、不一致

6.2.5 功能测试用例

功能测试也叫黑盒测试或数据驱动测试,这个测试只需考虑需要测试的各个功能,不需要考虑整个软件的内部结构及代码。一般从软件产品的界面和架构出发,按照需求编写测试用例,输入数据在预期结果和实际结果之间进行评测,进而使产品更加达到用户使用的要求。

Web 登录页面登录功能测试用例见表 6-4。

表 6-4　　　　　　　　　　　功能测试用例示例

用例 ID	××××-××-××		用例名称	系统登录
用例描述	在系统登录用户名存在、密码正确的情况下,进入系统页面信息包含:页面背景显示用户名和密码录入接口、输入数据后的登入系统接口			
用例入口	打开 IE,在地址栏输入相应地址,进入该系统登录页面			

测试用例 ID	场景	测试步骤	预期结果	备注
TC1	初始页面显示	从用例入口处进入	页面元素完整,显示与详细设计一致	
TC2	用户名录入-验证	输入已存在的用户:test	输入成功	
TC3	用户名-容错性验证	输入:aaaaabbbbbcccccddddeeeee	输入蓝色显示的字符时,系统拒绝输入	输入数据超过规定长度范围
TC4	密码-密码录入	输入与用户名相关联的数据:test	输入成功	
TC5	系统登录-成功	TC2,TC4,单击登录按钮	登录系统成功	
TC6	系统登录-用户名、密码校验	没有输入用户名、密码,单击登录按钮	系统登录失败,并提示:请检查用户名和密码的输入是否正确	
TC7	系统登录-密码校验	输入用户名,没有输入密码,单击登录按钮	系统登录失败,并提示:需要输入密码	
TC8	系统登录-密码有效性校验	输入用户名,输入密码与用户名不一致,单击登录按钮	系统登录失败,并提示:错误的密码	
TC9	系统登录-输入有效性校验	输入不存在的用户名、密码,单击登录按钮	系统登录失败,并提示:用户名不存在	
TC10	系统登录-安全校验	连续 3 次未成功	系统提示:您没有使用该系统的权限,请与管理员联系!	

6.3　基于 Web 的性能测试

随着互联网的迅猛发展,Web 系统特别是网站的性能变得日益重要,性能不好的网站提供不了最佳体验,会被用户逐渐抛弃。性能是特定功能占用的时间和资源。它可以是功能的开销或者是同步运行功能的数目。Web 性能测试就是模拟大量用户操作给网站造成压力,并评测 Web 系统在不同负载和不同配置下能否达到已经定义的标准。性能测试更加关注分析和消除与软件结构中相关联的性能瓶颈。

性能是每个软件系统必须考虑的指标,在性能测试中我们通常注意以下四方面数据:
①负载数据。
②数据流量。
③软件本身消耗资源情况。
④系统使用情况。

由于性能测试的特殊性,一般情况下都是利用特殊的测试工具(如 LoadRunner、TestManager、ACT 等)模拟多用户操作,对需要评测的系统造成压力。找出系统的瓶颈,并提交给开发人员进行修正。所以性能测试的目的是找出系统性能瓶颈并纠正需要纠正的问题。

6.3.1　Web 性能测试的主要术语和性能指标

在一般性能测试中,最常见的基本测试类型有:基准测试、配置测试、负载测试、压力测试、竞争测试。各测试类型说明如下:

基准测试:把新服务器或者未知服务器的性能和已知的参考标准进行比较。

配置测试:确认服务器在不同的配置下性能的可接受性。(操作条件不变)

负载测试:确认服务器在不同的负载条件下性能的可接受性。(操作条件不变)

压力测试:确认服务器在异常或者极限的条件时性能的可接受性,例如,减少资源或大数量的用户。

竞争测试:确认服务器可以处理多个客户对同一个资源的请求竞争。

在 Web 性能测试中,我们一般要关注以下性能及指标:

1. 事务(Transaction)

一个事务表示一个"从用户发送请求到 Web Server 接收到请求,进行处理,然后 Web Server 向 DB 获取数据,最后生成用户的 object(页面),返回给用户"的过程,一般的响应时间都是针对事务而言的。

2. 请求响应时间

请求响应时间指的是从客户端发起的一个请求开始,到客户端接收到从服务器端返回的响应结束,这个过程所耗费的时间。一般用"秒"或是"毫秒"做单位。响应时间=网络响应时间+应用程序响应时间。

①在 3 s 之内,页面给予用户响应并有所显示,可认为是"很不错的"。
②在 3~5 s 时,页面给予用户响应并有所显示,可认为是"好的"。

③在 5～10 s 时，页面给予用户响应并有所显示，可认为是"勉强接受的"。

④超过 10 s 时就让人有点不耐烦了，用户会崩溃掉的，很可能不会继续等待下去。

3. 并发用户数

并发一般分为两种情况：一种是严格意义上的并发，即所有的用户在同一时刻做同一件事情或者操作，这种操作一般指做同一类型的业务。比如在交警 123 驾考报名中，一定数目的用户在同一时间内提交考试预约；另外一种并发是广义范围的并发，这种并发与前一种并发的区别是，尽管多个用户对系统发出了请求或者进行了操作，但是这些请求或者操作可以是相同的，也可以是不同的。对整个系统而言，仍然是有很多用户同时对系统进行操作，因此也属于并发的范畴。

4. 吞吐量

吞吐量指的是在一次性能测试过程中网络上传输的数据量的总和。吞吐率＝吞吐量/传输时间×100％。

5. TPS(Transaction Per Second)

TPS 指的是每秒钟系统能够处理的交易或者事务的数量，它是衡量系统处理能力的重要指标。

6. 资源利用率

资源利用率指的是对不同的系统资源的使用程度。常用的资源利用率指示如下：

(1)通用指标(指 Web 应用服务器、数据库服务器必须测试项)，见表 6-5。

表 6-5　　　　　　　　　　通用指标

指标	说明
ProcessorTime	服务器 CPU 占用率，一般平均达到 70％时，服务就接近饱和
Memory Available Mbyte	可用内存数，如果测试时发现内存有变化，这种情况也要注意，如果是内存泄漏则比较严重
Physicsdisk Time	物理磁盘读写时间情况

(2)Web 服务器指标，见表 6-6。

表 6-6　　　　　　　　Web 服务器指标

指标	说明
Requests Per Second(Avg Rps)	平均每秒钟响应次数＝总请求时间/秒数
Avg time to last byte per terstion(mstes)	平均每秒业务脚本的迭代次数
Successful Rounds	成功的请求
Failed Requests	失败的请求
Successful Hits	成功的单击次数
Failed Hits	失败的单击次数
Hits Per Second	每秒单击次数
Successful Hits Per Second	每秒成功的单击次数
Failed Hits Per Second	每秒失败的单击次数
Attempted Connections	尝试链接数

（3）数据库服务器性能指标，见表 6-7。

表 6-7　　　　　　　　　　　　数据库服务器性能指标

指标	说明
User 0 Connections	用户连接数，也就是数据库的连接数量
Number of Deadlocks	数据库死锁
Butter Cache hit	数据库 Cache 的命中情况

（4）系统的瓶颈定义，见表 6-8。

表 6-8　　　　　　　　　　　　系统的瓶颈定义

性能项	命令	指标
CPU 限制	vmstat	当％user＋％sys 超过 80％时
磁盘 I/O 限制	Vmstat	当％iowait 超过 40％(AIX4.3.3 或更高版本)时
应用磁盘限制	Iostat	当％tm_act 超过 70％时
虚存空间少	Lsps,－a	当分页空间的活动率超过 70％时
换页限制	Iostat, stat	虚存逻辑卷%tm_act 超过 I/O(iostat)的 30％,激活的虚存率超过 CPU 数量(vmstat)的 10 倍时
系统失效	Vmstat, sar	页交换增大、CPU 等待并运行队列

（5）稳定系统的资源状态，见表 6-9。

表 6-9　　　　　　　　　　　　稳定系统的资源状态

性能项	资源	评价
CPU 占用率	70％	好
	85％	坏
	90％＋	很差
磁盘 I/O	＜30％	好
	＜40％	坏
	＜50％＋	很差
网络	＜30％带宽	好
运行队列	＜2＊CPU 数量	好
内存	没有页交换	好
	每个 CPU 每秒 10 个页交换	坏
	更多的页交换	很差

6.3.2　Web 性能测试的目标和测试策略

性能测试的目的，简单说其实就是获取待测系统的响应时间、吞吐量、稳定性、容量等信息。而发现一些具体的性能相关的缺陷（如内存溢出、并发处理等问题），从更高的层次来说，性能测试最想发现的，是瓶颈。软件性能测试的目标，是通过制订性能测试策略、性能测试计划，执行性能测试，对性能问题进行定位分析和优化。

性能测试策略一般从需求设计阶段开始讨论如何制订,它决定着性能测试工作要投入多少资源、什么时间开始实施等后续工作的安排,性能测试要从用户的需求和软件的特点出发。

软件按照用途的不同可以分为两大类,系统类软件和应用类软件。系统类软件通常对性能要求较高,因此性能测试应该尽早介入;应用类软件分为特殊类应用和一般类应用,特殊类应用主要有银行、电信、电力、保险、医疗、安全等领域软件,这类软件使用频繁,用户较多,也需要较早进行性能测试;一般类主要是指一些普通类应用,如 OA、MIS 等,一般类软件根据实际情况制订性能测试策略,受用户因素影响较大。

系统类软件:从设计阶段就开始针对系统架构、数据库设计等方面进行讨论,从根源来提高性能,系统类软件一般从单元测试阶段开始就要实施性能测试工作,测试的重点是与性能有关的算法和模块。

应用类软件:对于应用软件中的一般应用类软件,我们使用的策略是:根据用户对软件的性能重视程度来决定策略,当用户高度重视时,设计阶段开始进行一些讨论工作,主要在系统测试阶段开始进行性能测试实施;当用户一般重视时,可以在系统测试阶段的功能测试结束后进行性能测试;当用户不怎么重视时,可以在软件发布前进行性能测试,提交测试报告即可。对于特殊的应用类软件,从设计阶段就开始针对系统架构、数据库设计等方面进行讨论,从根源来提高性能,系统类软件一般从单元测试阶段开始就要实施性能测试工作,测试的重点是与性能有关的算法和模块。

6.3.3　Web 应用系统性能测试的种类

Web 系统的性能测试的种类,其实就是 Web 系统性能测试的方法,下面列出九种常见的性能测试种类:

- 压力测试(Stress Testing)
- 负载测试(Load Testing)
- 并发测试(Concurrency Testing)
- 配置测试(Configuration Testing)
- 耐久度测试(Endurance Testing)
- 可靠性测试(Reliability Testing)
- 尖峰冲击测试(Spike Testing)
- 失败恢复测试(Failover Testing)

下面对其中几种测试进行说明:

1. 压力测试

压力测试是测试系统的抗压能力的,最终目的是测试系统的稳定性。如让系统在某种状态下(如 CPU 占用率 80% 的情况下),尝试看系统是否还具备有处理业务的能力,或是尝试看系统是否会出现死机和宕机现象。

在体育比赛场上我们可以看到生活中的压力测试,例如体操比赛中的规定动作环节。场上选手在比赛时,其动作组合必须包含组委会所设定的所有规定动作,比如经典规定动作——托马斯全旋。通过在这样的条件下比赛,裁判来考查运动员的完成质量,由于动作难度系数基本一致,重点将是完成质量的稳定性。

再如一个例子,假设一个人背 1 包米,背 2 包就很吃力,最多能背 3 包。压力测试,就是让它先背 1 包米,再背 2 包米,3 包米……不停地施加压力,直到这个人累倒,最后发现他最多能背 3 包米。

2. 负载测试

在实际应用中,经常将压力测试和负载测试混淆,负载测试就是不断给系统施加压力,直到某个性能指标达到临界点。如响应时间,不断给系统添加压力,直到响应时间达到饱和或是不能接受一个时间范围为止。

如一个例子,假设一个人背 1 包米,背 2 包就很吃力,最多就能背 3 包。在做负载测试的时间,我们就让他背 2 包米,让他去操场跑步,看他能坚持多久,什么时候累倒。

如在举重比赛中,不断添加重量,直到添加到某一重量时,三次试举全部失败,这个重量就是该运动员举重的极限。

负载测试应当安排在 Web 系统发布之后进行,在实际的网络环境中进行测试。一般使用负载和压力测试工具 LoadRunner、WebLoad 等进行压力和负载测试。

3. 并发测试

并发测试(Concurrency Testing)方法通过模拟很多用户在同一时刻访问系统或对系统的一个功能进行操作,来测试系统的性能,从中发现问题。如航空售票系统,多个用户可能在同一时间订购同一航班的票,这时候这些用户就是并发的。并发的模拟手工是不能实现的,必须依靠工具进行,常用的有 HP 公司的 LoadRunner。

在并发测试中,我们所要关注的性能测试问题是什么呢? 我们举个例子:如多个程序要使用打印机,但是打印机只有一台。会出现以下几种情况:

①打印机只有一台,但是使用它的程序很多,那么这些程序只能排队等待使用了。这里的打印机就是资源,只能空闲时才能用。

②当打印机空闲时,程序就可以使用,但是系统规定了级别高的程序优先,但是优先级高的程序刚好遇上问题需要等待,这个时间就可以把打印机分配给下一个优先级的程序。这里就出现了死锁和解锁问题。

③当打印机空闲时,应当分配出去,但是由于死锁,这个时候打印机不能正常分配出去,导致后面的程序也不能使用打印机。类似这种情况就是内存泄漏。

所以并发测试,所要关注的问题就是系统中的内存泄漏、线程控制(锁的问题)和资源争用。

并发测试可以是黑盒测试,也可以是白盒测试。

并发测试可以在项目进行的大部分时候进行。在项目的早期,它可以通过结果大致验证系统总体设计和结构是否合理;在项目编码阶段,它可以发现代码的并发问题;在项目的测试阶段,它可以发现整个系统的并发问题。

并发测试的工具除了 LoadRunner 之外,还有很多专用的并发测试工具,比如在 Java平台下有 JProfile、JProbe 等;在 .NET 平台下有 CHESS、Zing 等。

4. 可靠性测试

软件可靠性测试是指为了保证和验证软件的可靠性要求而对软件进行的测试。软件可靠性测试通常是在系统测试、验收、交付阶段进行，它主要是在实验室内仿真环境下进行，也可以根据需要和可能在用户现场进行。

5. 失败恢复测试

恢复测试主要检查系统的容错能力。当系统出错时，能否在指定时间间隔内修正错误并重新启动系统。恢复测试首先要采用各种办法强迫系统失败，然后验证系统是否能尽快恢复。

6. 尖峰冲击测试

尖峰冲击测试来源电力系统，如当一个电力系统刚刚启动时，系统会有一个很大的电流，当最大电流通过后，看系统能否正常工作。而我们的 Web 系统，特别是网站，在以下情况时往往会出现用户量激增的情况，在用户激增的情况下系统能否正常工作，这时我们的测试可以形象地称为尖峰测试。

①当网站发布了一些有用信息，如高考成绩等。

②网站发布了促销活动。如季节打折等。

③网站做了比如明星访谈类栏目等。

以上这些情况产生的在线用户数量突然增加都会对网站性能产生巨大影响。大家应当记得 12306 网站在刚发布时出现的现象。

尖峰冲击测试一般也是采用工具软件进行自动测试的。在 Load Runner 中，可以修改之前性能测试的脚本，令某一个时刻用户数突然增大，就可以达到测试的目的。

6.3.4　Web 应用系统性能测试规划与设计

标准的 Web 应用系统性能测试过程包括确定性能测试需求、开发性能测试脚本、定义性能测试负载、执行性能测试和形成性能测试报告。

1. 确定性能测试需求

在对 Web 系统进行性能测试之前，要科学和全面地定义性能测试需求。一般来说，性能测试需求有两种描述方式。

（1）基于在线用户的性能测试需求

该性能测试需求描述方法可以用两个指标来度量系统性能，分别是在线用户和响应时间。

以提供网上购物商城为例，基于在线用户的性能测试需求可描述为：20 个在线用户按正常操作速度访问网上购物系统的下订单功能，下订单交易的成功率是 100%，而且 90% 的下订单请求响应时间不大于 8 s；当 90% 的请求响应时间不大于用户的最大容忍时间 15 s 时，系统能支持 100 个在线用户。

（2）基于吞吐量的性能测试需求

该性能测试需求方法可以用两个指标来度量系统性能，分别是吞吐量和响应时间。

当 Web 应用在上线后所支持的在线用户无法确定，如基于 Internet 的网上购物商城为例，可通过每天下订单的业务量直接计算其吞吐量，从而采取基于吞吐量的方式来描述性能测试需求。以网上购物商城为例，基于吞吐量的性能测试需求可描述为：网上购物系统在每分钟内需处理 10 笔下订单操作，交易成功率为 100%，而且 90% 的请求响应时间不大于 8 s。

2. 开发性能测试脚本

在确定 Web 应用系统性能测试需求后,就要根据性能测试需求中确定的功能开发性能测试脚本。比如,针对前面定义的网上购物商城的性能测试需求,将开发下订单功能的性能测试脚本。

不同的测试工具(如 IBM Rational Performance Tester、LoadRunner)所提供的测试脚本语法是不同的。测试人员利用性能测试工具可从头手工编写测试脚本,也可以通过录制浏览器和 Web 服务器之间的网络通信数据而自动形成测试脚本。一般初学者推荐通过录制脚本的形式进行。

任何性能测试工具都不能保证录制形成的性能测试脚本的正确性,测试人员应通过在单用户下运行性能测试脚本对其正确性进行验证,也就是要把录制的脚本重新运行一次,确保脚本能正确运行。

在完成性能测试脚本的数据关联后,需要对脚本进行参数化,参数化是一个重要的手段,在自动化测试中经常用到,也就是把脚本中的某些请求数据替换成变量,这些变量往往存放在一个数据文件中,比如 Excel 文件,从而保证在多虚拟用户运行脚本的情况下,每个虚拟用户所提交的数据是不同的。

此外,为了测试 Web 应用的可靠性,还需要对请求所收到的响应进行验证(比如验证响应的 HTTP 返回码或验证响应的内容),便于性能测试完成后统计请求成功率。

3. 定义性能测试负载

定义性能测试负载需要设置如下参数:

虚拟用户数:性能测试不仅仅是执行一次,而且每次执行时虚拟用户数也不固定,因此在性能测试负载模型中定义的虚拟用户数将在测试执行时进行设置。

虚拟用户发送请求的思考时间和迭代次数:虚拟用户发送请求的思考时间长短是决定 Web 应用系统负载量的重要因素之一,而迭代次数将决定性能测试的执行持续时间。对基于在线用户的性能测试需求,将基于录制脚本时记录的思考时间,而且由于现实中不同用户访问系统的思考时间不同,可把思考时间设置为在一定范围内的随机值。对于基于吞吐量的性能测试需求,将把思考时间设置为零,此时 Web 应用系统的在线用户数量将等于并发用户数。同时,为了避免性能测试压力的随机性,将增加请求的迭代次数来增加测试执行持续时间,从而获得系统在稳定压力下的性能数据。

虚拟用户启动模式:在现实中,Web 应用系统的用户不太可能同时做相同的操作,因此为了让 Web 应用系统所承担的压力随时间均匀分布,建议虚拟用户依次启动,同时也避免大量用户同时登录造成系统阻塞。以 20 个虚拟用户模拟下订单为例,可设置每个虚拟用户间隔 30 s 启动,这样 10 个虚拟用户可在 10 分钟后完成启动,并保证 20 个虚拟用户不会在同一时刻下订单,从而更符合实际情况。

4. 执行性能测试

执行性能测试是指通过多次运行性能测试负载模型,获得系统的性能数据。在执行过程中,必须加强对资源进行监控和分析,资源监控的手段可以是利用测试工具、操作系统等,利用这些手段发现问题的瓶颈所在,从而对系统进行优化。

6.4　Web 应用的界面测试

6.4.1　Web 应用的界面测试概述

界面是软件与用户交互的最直接的层,界面的好坏决定用户对软件的第一印象。而且设计良好的界面能够引导用户自己完成相应的操作,起到向导的作用。同时界面如同人的面孔,具有吸引用户的直接优势。设计合理的界面能给用户带来轻松愉悦的感受。

通过界面测试来核实用户与系统的交互,界面测试的目标在于确保界面向用户提供适当的访问和浏览测试对象功能的操作。

界面测试主要是测试用户界面的功能模块布局是否合理、界面的整体风格是否一致、各个控件及元素摆放是否符合用户习惯,还有测试界面操作便捷性,导航简单易懂性,页面元素的可用性,界面文字是否正确、命名是否规范统一,页面是否美观,文字、图片组合是否完美等。

6.4.2　界面测试的要求

界面测试要从以下几个方面及要素考虑:直观性、一致性、灵活性、舒适性等。

直观性:简单地说,直观性主要指当用户进入系统时,能否迅速且准确地找到其想要的信息,用户的进入和退出是否方便,当用户想从一个功能切换到另外一个功能的时候是否方便,下一步操作是否明显显示等。总之,给用户的感觉就是方便和快捷,不是繁琐和复杂。

一致性:比如软件使用的命名是否一致;OK 按钮是不是出现在对话框的左边等。

灵活性:比如用户的数据输入和输出可以有多种方式,查看结果也有多种方式;实现同一任务的选择有多种方式;状态终止和跳过,具有容错处理能力。

舒适性:软件的外观应当和软件使用者的工作相符;程序应当在用户执行严重的错误操作之前进行警告,并允许用户恢复由于错误操作导致丢失的数据。

6.4.3　界面测试的内容

针对 Web 应用程序,也就是我们通常所说的 B/S 系统,可以从如下方面着手来进行用户界面测试:导航测试、图形测试、内容测试、表格测试、整体界面测试等。

1. 导航测试

导航描述了用户在一个页面之内或是不同页面之间的操作。一个 Web 系统是否易于导航,通常从导航是否直观,系统的主要部分是否可以通过主页提取,Web 系统是否有站点地图、搜索引擎或是其他导航帮助几个方面考虑。

用户一般都会想在很短时间内从页面中找到自己所需要的信息,不会花太多时间在 Web 应用系统的结构上,如果没有,用户会很快离开页面,所以 Web 系统导航帮助要准确和清晰。

导航测试还要看页面结构、导航、链接的风格是否一致,确保用户通过直觉就能判断到所需要的信息和内容会出现在什么地方、还有什么内容等。

导航测试如果能让最终用户参与,效果将会更加明显。

2. 图形测试

在 Web 应用系统中,适当的图片和动画既能起到广告宣传的作用,又能起到美化页面的功能。一个 Web 应用系统的图形可以包括图片、动画、边框、颜色、字体、背景、按钮等。图形测试的内容有:

①每一个图片都有明确的用途,图片尽量小,能链接到某个具体的页面。

②所有页面的字体的风格是否是一致的。

③背景颜色与字体颜色和前景色要很好地进行搭配。

④一般采用 Gif 格式的图片,图片大小最好在 50 KB 以下。

⑤需要验证的是文字回绕是否正确。如果说明文字指向右边的图片,应该确保该图片出现在右边。不要因为使用图片而使窗口和段落排列古怪或者出现孤行。

通常来说,使用少许或尽量不使用背景是个不错的选择。如果想用背景,那么最好使用单色的,和导航条一起放在页面的左边。另外,图案和图片可能会转移用户的注意力。

3. 内容测试

在 6.2.1 节中已经描述过,请参考。

4. 表格测试

需要验证表格是否设置正确;用户是否需要向右滚动页面才能看见表格内容;每一栏的宽度是否足够宽,表格里的文字是否都有折行;是否有因为某一格的内容太多,而将整行的内容拉长。

5. 整体界面测试

整体界面是 Web 系统给用户的一个直接的整体感觉,关键在于页面结构的设计。一个页面,当用户浏览时感觉是否舒适,用户能否正确且迅速地找到想要的信息,整个页面的设计给用户是否是一致的感觉。

整体界面的测试需要最终用户的参与,因为使用者是最终用户,他们的评价对系统起到关键作用。整体界面的测试过程,实际就是最终用户对系统的界面使用评价过程。为了得到用户的反馈信息,一般以在主页上做一个调查问卷的形式,来收集用户的反馈信息。

6.4.4　Web 测试中的界面测试用例设计

1. 文本框的测试

文本框是在 Web 系统测试中常见的元素。如何去测试文本框,应当按照以下思路进行:

①输入正常的字母或数字。

②输入已存在的文件的名称。

③输入超长字符。例如在"名称"框中输入超过允许边界个数的字符,假设最多 255 个字符,尝试输入 256 个字符,检查程序能否正确处理。

④输入默认值,空白、空格。

⑤若只允许输入字母,尝试输入数字;反之,尝试输入字母。

⑥利用复制、粘贴等操作强制输入程序不允许的输入数据。

⑦输入特殊字符集,例如,NUL 及\n 等。

⑧输入超过文本框长度的字符或文本,检查所输入的内容是否正常显示。

⑨输入不符合格式的数据,检查程序是否正常校验,如程序要求输入年月日格式为 yy/mm/dd,实际输入 yyyy/mm/dd,程序应该给出错误提示。

在测试过程中所用到的测试方法:

①输入非法数据。

②输入默认值。

③输入特殊字符集。

④输入使缓冲区溢出的数据。

⑤输入相同的文件名。

2. 单选按钮控件的测试

单选按钮控件的测试方法:

①一组单选按钮不能同时选中,只能选中一个。

②逐一执行每个单选按钮的功能。选择"是""否"后,保存到数据库的数据应该分别为"是""否"。

③一组执行同一功能的单选按钮在初始状态时必须有一个被默认选中,不能同时为空。

3. 复选框的测试

复选框的测试方法:

①多个复选框可以被同时选中。

②多个复选框可以被部分选中。

③多个复选框可以都不被选中。

④逐一执行每个复选框的功能。

4. 列表框控件的测试

列表框控件的测试方法:

①条目内容正确:同组合列表框类似,根据需求说明书确定列表的各项内容正确,没有丢失或错误。

②列表框的内容较多时要使用滚动条。

③列表框允许多选时,要分别检查 Shift 选中条目、按 Ctrl 选中条目和直接用鼠标选中多项条目的情况。

5. 滚动条控件的测试

滚动条控件的测试要注意以下几点:

①滚动条的长度根据显示信息的长度或宽度及时变换,这样有利于用户了解显示信息的位置和百分比,如 Word 中浏览 100 页文档,浏览到 50 页时,滚动条位置应处于中间。

②拖动滚动条,检查屏幕刷新情况,并查看是否有乱码。

③单击滚动条。

④用滚轮控制滚动条。

⑤滚动条的上下按钮。

6. 命令按钮控件的测试

命令按钮控件的测试方法：

①单击按钮正确响应操作。如单击确定，正确执行操作；单击取消，退出窗口。

②对非法的输入或操作给出足够的提示说明，如输入月工作天数为 32 时，单击"确定"后系统应提示：天数不能大于 31。

③对可能造成数据无法恢复的操作必须给出确认信息，给用户放弃选择的机会。

7. up-down 控件文本框的测试

up-down 控件文本框的测试方法：

①直接输入数字或用上下箭头控制，如在"数目"中直接输入 5，或者单击向上的箭头，使数目变为 5。

②利用上下箭头控制数字的自动循环，如当最多数字为 255 时，单击向上箭头，数目自动变为 1；反之亦适用。

③直接输入超边界值，系统应该提示重新输入。

④输入默认值，空白。如"插入"数目为默认值，单击"确定"；或删除默认值，使内容为空，单击"确定"进行测试。

⑤输入字符。此时系统应提示输入有误。

在测试中，应遵循由简入繁的原则，先进行单个控件功能的测试，确保实现无误后，再进行多个控件的功能组合的测试。

6.5　Web 应用的客户端兼容性测试

6.5.1　Web 应用的客户端兼容性测试概述

随着操作系统、浏览器越来越多样化，软件兼容性测试在目前软件测试领域占有很重要的地位，无论是 B/S 架构还是 C/S 架构的软件都需要进行兼容性测试，充分保证产品的平台无关性，使用户充分感受到软件的友好。

对于 Web 应用，我们是无法预知用户的客户端配置和运行环境的，所以，做好兼容性测试是非常重要的。一般客户端兼容性测试主要测试在各种操作系统平台、浏览器、分辨率和 modem 速度下的测试。

6.5.2　Web 应用的客户端兼容性测试内容

1. 平台测试

主要是对客户端操作系统进行测试。目前市场上主流的操作系统类型有：Windows 系列、UNIX 系列、Linux 系列等。Web 系统用户使用哪一种操作系统，取决于用户系统的配置。所以必须测试 Web 系统在不同操作系统中的运行。

2. 浏览器测试

目前浏览器类型也很多，不同的浏览器还是有区别的，所以我们在做测试的时候也要重视这一点。如对 HTML5 的支持就是一个例子，目前，有些浏览器支持，有些不支持。即使是同一厂家的浏览器，也存在不同版本的问题。目前主流的浏览器有两大类，一类是 IE 内核的浏览器，一类则是非 IE 内核的浏览器，具体的主流浏览器有 IE、Firefox、Chrome、Opera、360 浏览器、搜狗浏览器等，针对这些主流的浏览器必须进行兼容性测试。2015 年 12 月主流浏览器市场份额如图 6-5 所示。

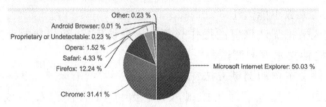

图 6-5　2015 年 12 月主流浏览器市场份额

3. 打印机测试

用户可能将网页或是有用信息打印出来。所以网页在设计时要考虑到网页的打印问题。有时候网页上显示的图片和文字和实际打印出来的效果是不一样的。测试人员必须要验证页面打印是否正确。

4. 组合测试

最后要进行组合测试，如 1028×768 的分辨率在 MAC 机上显示效果可能不错，但是在 IBM 兼容机上却很难看。所以要测试不同的浏览器、平台和分辨率的组合。

6.5.3　浏览器兼容测试工具与例子

1. Browsershots

这是一个在线测试工具，支持很多浏览器，如图 6-6 所示。我们只要输入相应的要测试的 Web 系统 URL 地址，就可以进行兼容性测试。

图 6-6　Browsershots 在线测试工具

输入 www.cnblogs.com 测试一下,结果如图 6-7 所示。

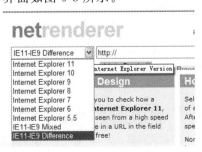

图 6-7　Browsershots 在线测试工具兼容性测试结果

2. IE NetRenderer

从名字我们就可以知道,它只能测试网站在不同版本的 IE 浏览器(从 IE 5.5 到 IE 11)中的显示效果。同时,它在测试完以后还可以显示你网站的加载时间。使用网址为: http://netrenderer.com/。界面如图 6-8 所示。

图 6-8　NetRenderer 在线测试结果

输入 http://www.hncst.edu.cn 查看测试在 IE 11 和 IE 9 中的效果,结果如图 6-9 和图 6-10 所示。

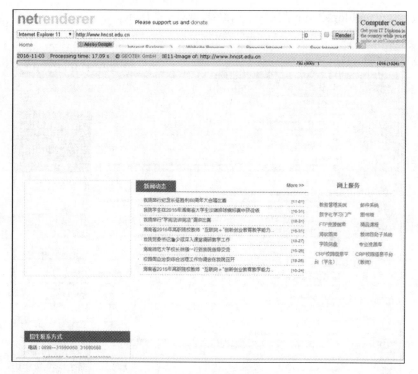

图 6-9   在 IE 11 中的测试结果

图 6-10   在 IE 9 中的测试结果

6.6 Web 应用的安全性测试

6.6.1 Web 应用的安全性概述

Web 的应用日益广泛,而安全性却越来越低。事实上,Web Application Security Consortium(WASC)在 2009 年初就估计,所有 Web 站点中有 87% 是有漏洞会被攻击的。对于有交互信息的网站,站点涉及银行卡支付问题、用户资料信息保密问题。Web 页面随时会传输这些重要的信息。

程序设计者需要保证程序的结构是安全的,网络管理员要保证网络和服务器是安全的,程序员要保证他们的代码不会引入脆弱性,管理人员要保证他们的团队戒备安全问题,数据库管理员要确保数据库服务器没有脆弱性,用户需要提防社交工程攻击等事情。

6.6.2 Web 应用的安全性测试

1. 目录设置

Web 安全的第一步就是正确设置目录。如果通过简单的替代和推测,会将整个 Web 目录暴露给用户,这样会造成 Web 安全隐患。每个目录下应当有 index. html 或是 man. html 页面,或者严格设置 Web 服务器目录的访问权限。

2. SSL

SSL(Secure Sockets Layer)是一个安全协议,它提供使用 TCP/IP 的通信应用程序间的隐私与完整性。因特网的超文本传输协议(HTTP)使用 SSL 来实现安全的通信。当前版本为 3.0。它已被广泛地用于 Web 浏览器与服务器之间的身份认证和加密数据传输。

用户进入一个 SSL 站点是因为浏览器出现了警告信息,而且地址栏中的 HTTP 会变为 HTTPS。如果开发部门使用了 SSL,测试人员需要确定是否有相应的替代页面适用于 3.0 以下版本的浏览器,这浏览器不支持 SSL。

3. 登录

很多 Web 站点都需要用户注册后才能登录,从而校验用户和密码匹配,以验证用户身份,阻止非法用户登录。

测试人员在测试登录时,除了要测试正确的用户名和密码正常登录外,还要测试非法用户的登录,看是否能阻止登录。测试用户名和密码的大小写问题。测试登录次数是否有限制,如有些网站,当用户 3 次输入密码不正确后,将不允许用户在 24 小时内重新登录。测试超时登录设置,比如在用户停留了 20 分钟却什么都没有操作的情况下,是否需要用户重新登录。

4. 日志文件

为了保证 Web 应用系统的安全,日志文件是必不可少的,需要测试人员测试日志文件是否存在,是否正确记录了相关的信息,日志文件是否可以追踪。

在系统后台,要注意测试日志能否正常工作。经常需要测试的内容有:日志是否记录了所有的事务,是否保存了 IP 信息等。

5. 脚本语言

脚本语言是常见的安全隐患。每种脚本语言的细节不同。黑客可以利用脚本语言的缺陷进行攻击。所以测试人员必须要了解相关脚本语言的缺陷,并找出站点中使用的脚本语言,分析该语言的缺陷,制订相应的策略。

6. 加密

当使用了安全套接字时,还要测试加密是否正确,检查信息的完整性。

6.6.3 Web 安全性常用工具

下面列出了部分 Web 安全性常用工具,见表 6-10。

表 6-10   部分 Web 安全性常用工具

序号	工具名称	工具有关说明	运行环境要求
1	Firefox 浏览器	Firefox 浏览器具有可扩展的附加组件架构,是可用于 Web 应用安全测试的最佳浏览器	Windows 或 Linux 均可
2	Firebug	Firebug 是 Web 开发和测试工具中的"瑞士军刀",它允许跟踪和调整每一行 HTML、JavaScript 和文档对象模型;它会告诉后台 ajax 请求,告诉你载入页面需要的时间,并允许你实时编辑网页,它唯一无法完成的事情就是将你要更改的内容保存至服务器	需要安装 Firefox 浏览器
3	WebScarab	WebScarab 是用于测试 Web 应用安全的一款流行的 Web 代理,Web 代理对于截获浏览器服务器之间的请求和响应来说是非常重要的	Java 运行环境
4	cURL	cURL 工具是一个命令行程序,它支持许多 Web 协议和组件。它可以在没有浏览器的时候当作浏览器使用,实现了类似浏览器的功能,可以从任何普通 shell 中调用它,它处理 Cookies、认证和 Web 协议的能力要比其他任何命令行工具都更好	Windows 或 Linux 均可
5	Burp Suite	Web 应用安全工具,包含了用户截获、重复、分析或注入 Web 应用请求的组件	Java 运行环境
6	Apache HTTP Server	Apache HTTP Server 是一种开源的 Web 服务器,它目前是万维网上最流行的 HTTP 服务器	Windows 或 Linux 均可
7	Paros proxy	对 Web 应用程序的 Web 漏洞评估的代理程序,即一个基于 Java 的 Web 代理程序,可以评估 Web 应用程序的漏洞。它支持动态地编辑/查看 HTTP/HTTPS,从而改变 Cookies 和表单字段等项目	Windows 或 Linux 均可
8	AppScan	适合安全专家的 Web 应用程序和 Web 服务渗透测试解决方案	Windows 或 Linux 均可

下面以 Paros proxy 为例介绍其使用。

1. Paros proxy 介绍

Paros 是一种利用纯 Java 语言开发的安全漏洞扫描工具,它主要是为了满足那些需要对自己的 Web 应用程序进行安全检测的应用者而设计的。通过 Paros 的本地代理,所有在客户端与服务器端之间的 http 和 https 数据信息,包括 Cookies 和表单信息都将被拦截或者是修改。Paros proxy,这是一个对 Web 应用程序的漏洞进行评估的代理程序,即一个基于 Java 的 Web 代理程序,可以评估 Web 应用程序的漏洞。它支持动态地编辑/查看 HTTP/HTTPS,从而改变 Cookies 和表单字段等项目。它包括一个 Web 通信记录程序、Web 圈套程序(spider)、hash 计算器,还有一个可以测试常见的 Web 应用程序攻击(如 SQL 注入式攻击和跨站脚本攻击)的扫描器。该工具检查漏洞形式包括 SQL 注入、跨站脚本攻击、目录遍历、CRLF -- Carriage-Return Line-Feed 回车换行等。

2. 安装与配置

在安装 Paros 工具之前需要安装 Java 文件,也就是 JDK,版本必须在 1.4 以上。Paros 是需要 JDK 支持的。

Paros 分别有 Windows 和 Linux 版本,当前我们应用在 Windows 下,需要下载 Windows 版本。

Paros 拥有两个连接端口,分别为 8080 和 8443。8080 主要是针对 Http 建立连接,而 8443 是针对 Https 的协议建立连接的端口。

开启 Web 浏览器,例如 IE 浏览器,需要配置连接代理,代理名称为 localhost,代理端口为 8080,而端口 8443 是由 Paros 本身所使用,不是由 Web 浏览器所用,所以不用设置此代理端口。如果 8080 端口已经被占用,请选择其他端口,如 8089。如图 6-11 所示。

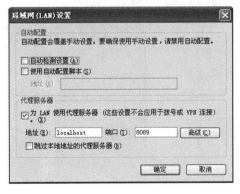

图 6-11　IE LAN 代理服务器设置

安装之后的 Paros 如图 6-12 所示。

3. 功能介绍与使用

(1)Spider 抓取

Spider 是 Paros 中一个非常重要的功能,它是用来抓取网站信息,收集 URL 地址信息,通过 Spider 这种方式来逐层分解抓取站点的 URL。当前,它的功能如下:通过提供

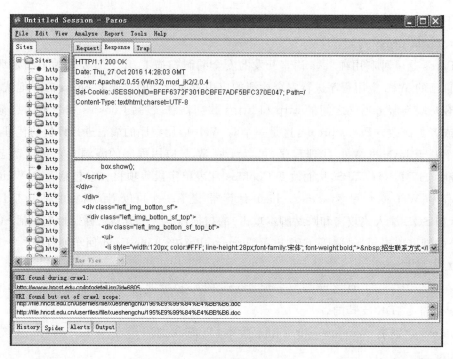

图 6-12   Paros 安装后界面

的 URL 地址来抓取 HTTP 或者 HTTPS 信息;支持抓取 Cookie 信息;支持设置代理链;
自动添加 URL 地址,并以树结构分层进行扫描。单击菜单"AnaLyse"-Spider。单击
"Start"开始抓取,如图 6-13 所示。

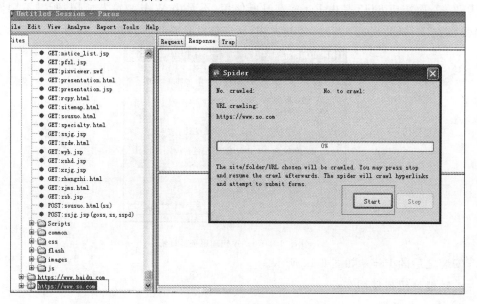

图 6-13   开始抓取

以抓取 http://soft.hncst.edu.cn 为例,图 6-14 为抓取前,图 6-15 为抓取后结果。

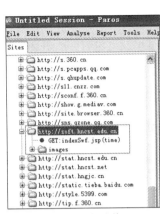

图 6-14　抓取前

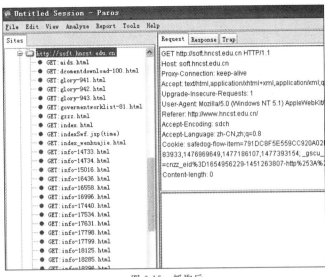

图 6-15　抓取后

（2）Scanner 扫描

针对"Site"栏中的 URLS 进行扫描，逐一对 URLS 进行安全性检查，验证是否存在安全漏洞。如果想扫描"Site"栏中所有的 URLS，单击"Anaylse"→"Scanall"可以启动全部扫描。如果只想扫描"Site"栏中某一 URL，选中该 URL，右击并选取"Scan"命令。

Scanner 可以针对以下几种情况进行扫描：SQL 注入；XSS 跨站脚本攻击；目录遍历；CRLF -- Carriage-Return Line-Feed 回车换行等。以扫描 http：//soft. hncst. edu. cn 为例，如图 6-16 所示。

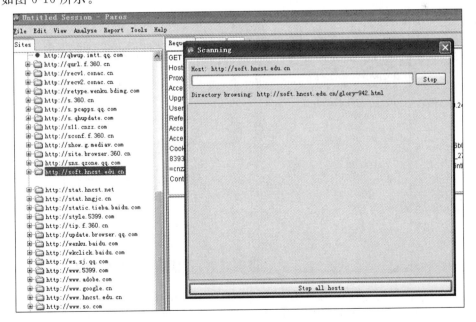

图 6-16　使用 scanner 扫描网站

扫描完成后在菜单"Report"→"Last Scan Report"查看扫描结果。如图 6-17 所示。

Paros Scanning Report

Report generated at Thu, 27 Oct 2016 23:31:08.

Summary of Alerts

Risk Level	Number of Alerts
High	0
Medium	3
Low	2
Informational	0

Alert Detail

Medium (Suspicious)	Macromedia JRun default files
Description	JRun 4.0 default files are found or application information disclosure.
URL	http://soft.hncst.edu.cn/SmarTicketApp/index.html
URL	http://soft.hncst.edu.cn/jstl-war/index.html
URL	http://soft.hncst.edu.cn/techniques/servlets/index.html
Solution	Remove default files.
Reference	

图 6-17　扫描结果

（3）Traping Http Requests and Responses

Paros 能手动捕获和修改 HTTP(HTTPS)的请求和响应信息,所有的 HTTP 和 HTTPS 数据通过 Paros 都能被捕获,并且可以按照我们需要的方式进行修改。

只要选中"Trap request"和"Trap response"复选框,就表示捕获所有的请求和响应信息,然后单击"Continue"就可以继续操作。

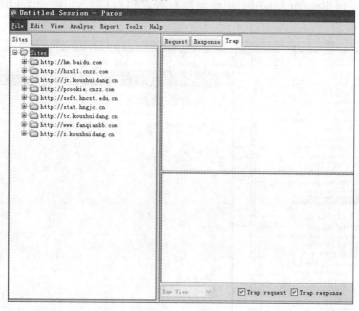

图 6-18　选中"Trap request"和"Trap response"复选框

Paros 可以获取到请求和响应信息,并可以修改,单击"Continue"继续执行,单击"Drop"停止,如图 6-19 所示。

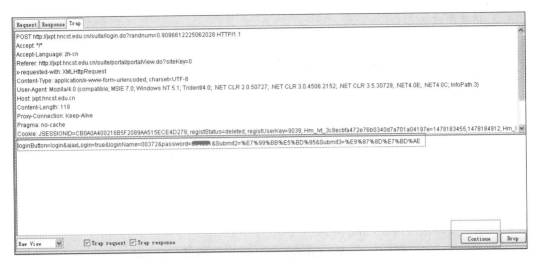

图 6-19　获取请求和响应信息

6.7　Web 系统测试方法举例

Web 已经对商业、工业、银行、财政、教育、政府和娱乐及我们的工作和生活产生了深远的影响。许多传统的信息和数据库系统正在被移植到互联网上,电子商务迅速增长,早已超过了国界。范围广泛的、复杂的分布式应用正在 Web 环境中出现。Web 的流行和无所不在,是因为它能提供支持所有类型内容链接的信息发布,容易为最终用户存取。

一般软件的发布周期以月或以年计算,而 Web 应用的发布周期以天计算甚至以小时计算。Web 测试人员必须处理更短的发布周期,测试人员和测试管理人员面临着从测试传统的 C/S 结构和框架环境到测试快速改变的 Web 应用系统的转变。

下面以测试海南软件职业技术学院网站为例,讨论说明如何对 Web 系统进行测试。网站地址为:http://www.hncst.edu.cn。网站首页如图 6-20 所示。

图 6-20　海南软件职业技术学院网站首页

1. 功能测试

(1)链接测试

链接是 Web 应用系统的一个主要特征,它是在页面之间切换和指导用户去一些不知道地址的页面的主要手段。链接测试需要考虑三个方面:

①测试所有链接是否按指示的那样确实链接到了该链接的页面。

②测试所链接的页面是否存在。

③保证 Web 应用系统上没有孤立的页面,所谓孤立的页面是指没有链接指向该页面,只有知道正确的 URL 地址才能访问。

使用工具:可以使用 Xenu Link Sleuth 去测试此网站首页及其他页面上所有链接的正确性。过程如下:

①输入要测试的网址,如图 6-21 所示。

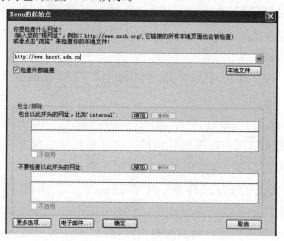

图 6-21　Xenu 使用开始

②单击开始按钮,进行检测,如图 6-22 所示。

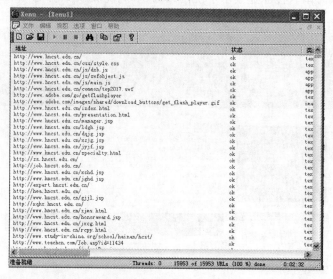

图 6-22　Xenu 检测进行中

③检测完成,生成报告。报告部分如图 6-23 所示。

(2)表单测试

当用户向 Web 应用系统管理员提交信息时,就需要使用表单操作,例如用户注册、登录、信息提交等。在这种情况下,我们必须测试提交操作的完整性,以校验提交给服务器的信息的正确性。在首页中的表单如图 6-24 所示。其他页面表单的测试类似。

All pages, by result type:

ok	612 URLs	3.84%
no connection	15185 URLs	95.19%
server error	2 URLs	0.01%
timeout	95 URLs	0.60%
no such host	2 URLs	0.01%
skip type	32 URLs	0.20%
cancelled / timeout	23 URLs	0.14%
mail host ok	1 URLs	0.01%
error 521	1 URLs	0.01%
Total	15953 URLs	100.00%

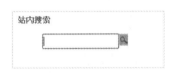

图 6-23　Xenu 检测报告　　　　图 6-24　搜索功能

搜索功能测试点见表 6-11。

表 6-11　　　　　　　　　　搜索功能测试点

用例编号	测试步骤描述	测试结果
1	不输入任何字符,单击搜索按钮	略
2	搜索关键词分别为单个英文、数字、中文字符	略
3	搜索关键词分别单个英文、数字、中文字符组合	略
4	搜索关键词为中文、英文中间,前面、后面有一至三个空格	略
5	搜索框中输入关键字,单击 Enter 键是否有效	略
6	搜索关键字包含大小写	略
7	搜索关键词包括圆点角字符	略
8	搜索关键词包含特殊字符	略
9	搜索关键词包含 HTML 标签	略
10	搜索关键词包含 JS 代码	略
11	搜索关键字超长	略
12	同一个页面连续搜索,页面反应速度	略
13	搜索结果中页面页码显示是否有问题	略
14	单击某个搜索结果或它的"详情"页面	略

(3)Cookies 测试

Cookies 通常用来存储用户信息和用户在某应用系统的操作,当一个用户使用 Cookies 访问了某一个应用系统时,Web 服务器将发送关于用户的信息,把该信息以

Cookies 的形式存储在客户端计算机上,这可用来创建动态和自定义页面或者存储登录等信息。如果 Web 应用系统使用了 Cookies,就必须检查 Cookies 是否能正常工作。

具体测试方法请参考 6.2.4 小节有关描述。

下载 IECookiesView v1.78(下载地址:http://www.nirsoft.net/utils/iecookies.html),IECookiesView 是一个可以帮助搜寻并显示出计算机中所有的 Cookies 档案数据的工具,包括是哪一个网站写入 Cookies 的、内容有什么、写入的日期和时间及此 Cookies 的有效期限等资料。你是否常常怀疑一些网站写入 Cookies 内容到你的计算机中是否会对你造成隐私的侵犯!使用软件来看看这些 Cookies 的内容都是些什么呢!如此你就不会再担心、怀疑了。此软件只对 IE 浏览器的 Cookies 有效。如图 6-25 所示。

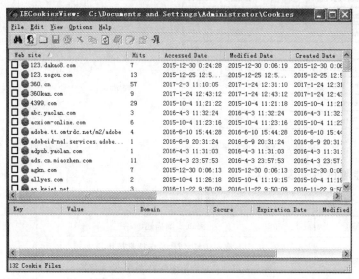

图 6-25　IECookiesView 使用界面

（4）设计语言测试

当在分布式环境中开发时,开发人员都不在一起,这个问题就显得尤为重要。除了 HTML 的版本问题外,不同的脚本语言,例如 Java、JavaScript、ActiveX、VBScript 或 Perl 等也要进行验证。

（5）数据库测试

在 Web 应用技术中,数据库起着重要的作用,数据库为 Web 应用系统的管理、运行、查询和实现用户对数据存储的请求等提供空间。在 Web 应用中,最常用的数据库类型是关系型数据库,可以使用 SQL 对信息进行处理。

在测试数据库时,我们一般要考虑两种错误:一是数据一致性错误,指的是由于用户提交的表单信息不正确而造成的。二是输出错误,主要是由于网络速度或程序设计问题等引起的。这两种情况要做重点测试。

2. 性能测试

（1）连接速度测试

用户连接到 Web 系统的方式可能会是电话拨号,也可能是宽带上网,也可能是光纤接入,当下载一个程序时,用户可以等较长的时间,但如果仅仅访问一个页面就不会这样。如果 Web 系统响应时间太长(例如超过 5 s),用户就会因没有耐心等待而离开。

另外,有些页面有超时的限制,如果响应速度太慢,用户可能还没来得及浏览内容,就需要重新登录了。而且,连接速度太慢,还可能引起数据丢失,使用户得不到真实的页面。

可以使用 ping 命令测试连接某网站的速度,如图 6-26 所示。

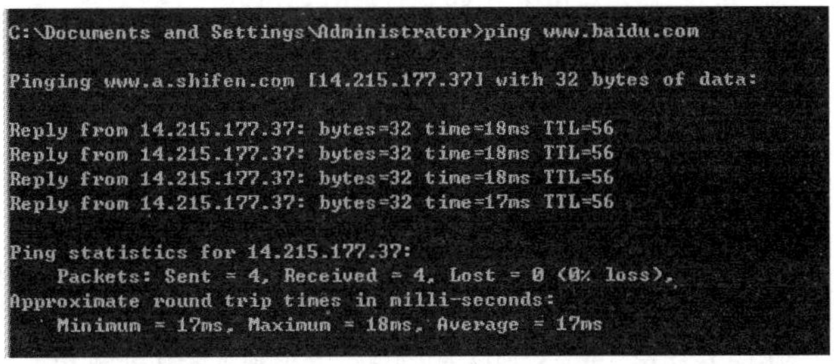

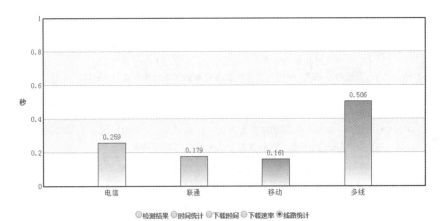

图 6-26　使用 ping 命令测试连接某网站的速度

也可以登录网站测速系统进行测试。如卡卡网(http://www.webkaka.com),测试结果如图 6-27 所示。也可以使用其他工具测试。

图 6-27　网站连接速度测试

(2)负载测试

负载测试是为了测量 Web 系统在某一负载级别上的性能,以保证 Web 系统在需求范围内正常工作。负载级别可以是某个时刻同时访问 Web 系统的用户数量,也可以是在线数据处理的数量。例如:Web 应用系统允许多少个用户同时在线? 如果超过了这个数量,会出现什么现象? Web 应用系统能否处理大量用户对同一个页面的请求?

(3)压力测试

压力测试是指实际破坏一个 Web 应用系统,测试系统的反映。压力测试是测试系统的限制和故障恢复能力,也就是测试 Web 应用系统会不会崩溃,在什么情况下会崩溃。

下面列举了常用的压力、负载测试工具,大部分是免费的,见表 6-12。

表 6-12 负载和压力测试工具

工具名称	工具说明
Grinder	Grinder 是一个开源的 JVM 负载测试框架,它通过很多负载注射器为分布式测试提供了便利。支持用于执行测试脚本的 Jython 脚本引擎 HTTP 测试可通过 HTTP 代理进行管理
Pylot	Pylot 是一款开源的测试 Web Service 性能和扩展性的工具,它运行 HTTP 负载测试,这对容量计划、确定基准点、分析以及系统性能调优都很有用处。Pylot 产生并发负载(HTTP Requests),检验服务器响应,以及产生带有 metrics 的报表。通过 GUI 或者 shell/console 来执行和监视 test suites
Apache JMeter	Apache JMeter 是一个专门为运行和服务器装载测试而设计的、100% 的纯 Java 桌面运行程序。原先它是为 Web/HTTP 测试而设计的,但是它已经被扩展,以支持各种各样的测试模块。它用于 HTTP 和 SQL 数据库(使用 JDBC)的模块一起被运送。它可以用来测试静止资料库或者活动资料库中的服务器的运行情况,可以用来模拟对服务器或者网络系统加以重负荷以测试它的抵抗力,或者用来分析不同负荷类型下的所有运行情况。它也提供了一个可替换的界面用来定制数据显示,测试同步及测试的创建和执行
OpenSTA	OpenSTA 是一个免费的、开放源代码的 Web 性能测试工具,能录制功能非常强大的脚本过程,执行性能测试。例如虚拟多个不同的用户同时登录被测试网站。其还能对录制的测试脚本按指定的语法进行编辑。在录制完测试脚本后,可以对测试脚本进行编辑,以便进行特定的性能指标分析。其较为丰富的图形化测试结果大大提高了测试报告的可阅读性。OpenSTA 基于 CORBA 的结构体系,它通过虚拟一个 Proxy,使用其专用的脚本控制语言,记录通过 Proxy 的一切 HTTP/S traffic。通过分析 OpenSTA 的性能指标收集器收集的各项性能指标,以及 HTTP 数据,对系统的性能进行分析
JCrawler	JCrawler 是一个开源(CPL)的 Web 应用压力测试工具。通过其名字,你就可以知道这是一个用 Java 写的像网页爬虫一样的工具。只要你给其几个 URL,它就可以开始爬过去了,它用一种特殊的方式来产生 Web 应用的负载
Web Polygraph	Web Polygraph 这个软件也是一个用于测试 Web 性能的工具,这个工具是很多公司的标准测试工具,包括微软在分析其软件性能的时候,也是把这个工具作为基准工具的
loadrunner	LoadRunner 是一种预测系统行为和性能的负载测试工具。通过模拟上千万用户实施并发负载及实时性能监测的方式来确认和查找问题,LoadRunner 能够对整个企业架构进行测试。企业使用 LoadRunner 能最大限度地缩短测试时间,优化性能和加速应用系统的发布周期。LoadRunner 可适用于各种体系架构的自动负载测试,能预测系统行为并评估系统性能

下面以海南软件职业技术学院网站压力测试为例,介绍压力测试过程。

①测试名称

测试名称为压力测试。

②测试对象

- 模拟实际应用的软硬件环境。
- 模拟用户使用过程的系统负荷。
- 通过长时间运行被测软件来测试被测系统的可靠性。
- 测试被测系统的响应时间。

③测试压力估算

全年的业务量集中在 10 个月内完成,每个月 20 个工作日,每个工作日 8 个小时;采用 80/20 原理,每个工作日中 80% 的业务在 20% 的时间内完成,即每天 80% 的业务在 1.6 小时内完成。

去年全年处理业务约 100 万笔。其中 15% 的业务处理中,每笔业务向应用服务器提交 7 次请求;其中 70% 的业务处理中,每笔业务向应用服务器提交 5 次请求;其余 15% 的业务处理中,每笔业务向应用服务器提交 3 次请求。

根据以往的统计结果,每年的业务增量为 15%,考虑到今后三年业务发展的需要,测试按现有业务量的 2 倍进行。每年总的请求数量为:

$(100 \times 15\% \times 7 + 100 \times 70\% \times 5 + 100 \times 15\% \times 3) \times 2 = 300$ 万次/年

每天的请求数量为:全年的业务量集中在 10 个月内完成,每个月 20 个工作日,总共 200 个工作日。

$300/200 = 1.5$ 万次/天

每秒的请求数量为:全年的业务量集中在 10 个月内完成,每个月 20 个工作日,每个工作日 8 个小时。每个工作日中 80% 的业务在 20% 的时间内完成。

$(15000 \times 80\%)/(8 \times 20\% \times 3600) = 2.08$ 次/s

综合以上,应用服务器处理请求的能力应达到 3 次/s。

3. 可用性测试

(1)导航测试

导航描述了用户在一个页面内操作的方式,在不同的用户接口控制之间,或在不同的连接页面之间。Web 应用系统的用户趋向于目的驱动,很快地扫描一个 Web 应用系统,看是否有满足自己需要的信息,如果没有,就会很快地离开。很少有用户愿意花时间去熟悉 Web 应用系统的结构,因此,Web 应用系统导航帮助要尽可能地准确。

导航的另一个重要方面是 Web 应用系统的页面结构、导航、菜单、链接的风格是否一致。确保用户凭直觉就知道 Web 应用系统里面是否还有内容,内容在什么地方。

针对该网站的测试,测试点我们应当做如下考虑,见表 6-13。

表 6-13　　　　　　　　　　导航功能测试点说明

测试功能点	要求与说明
功能方面	1. 一、二级导航中的文字链接页面打开方式一致;要么新页面,要么当前页面 2. 各链接页面正确显示,不出现错误
UI 方面	1. 一、二级导航中的文字颜色、大小、风格一致 2. 若选中导航中的页面,相应的该页面的导航文字为选中显示状态 3. 导航条中的页面文字显示正确
兼容性方面	1. 导航名字容易明白,页面内容与表达内容相呼应 2. 导航排列方式符合用户使用逻辑与习惯。查看简单,分类级别层次最好不要超过 2 层

（2）图形测试

在 Web 应用系统中,适当的图片和动画既能起到广告宣传的作用,又能起到美化页面的功能。图形测试的内容有：

①要确保图形有明确的用途,图片或动画不要胡乱地堆在一起,以免浪费传输时间。Web 应用系统的图片尺寸要尽量地小,并且要能清楚地说明某件事情,一般都链接到某个具体的页面。

②验证所有页面字体的风格是否一致。

③背景颜色应该与字体颜色和前景颜色相搭配。

④图片的大小和质量也是一个很重要的因素,一般采用 JPG 或 GIF 压缩。

（3）内容测试

内容测试用来检验 Web 应用系统提供信息的正确性、准确性和相关性。

信息的正确性是指信息是可靠的,而不是误传的。信息的准确性是指无语法或拼写错误。这种测试通常使用一些文字处理软件来进行,例如使用 Microsoft Word 的"拼音与语法检查"功能。信息的相关性是指在当前页面可以找到与浏览信息相关的信息列表或入口,也就是一般 Web 站点中的"相关文章列表"。

（4）整体界面测试

整体界面测试是指整个 Web 应用系统的页面结构设计是给用户一个整体的感觉。例如：当用户浏览 Web 应用系统时是否感到舒适,是否凭直觉就知道要找的信息在什么地方,整个网站的风格是否一致。

对整体界面的测试过程,一般 Web 应用系统采取在主页上做一个调查问卷的方式,来得到最终用户的反馈信息。

4. 客户端兼容性测试

（1）操作系统平台测试

市场上操作系统平台众多,常见的有 Windows、Linux、UNIX 等。针对不同的用户,我们要在不同的操作系统平台上进行测试。

（2）浏览器测试

浏览器是 Web 客户端最核心的构件,来自不同厂商的浏览器对 Java、JavaScript、ActiveX、plug-ins 或不同的 HTML 规格有不同的支持。例如,ActiveX 是 Microsoft 的产品,是为 Internet Explorer 而设计的,JavaScript 是 Netscape 的产品,Java 是 Sun 的产品,等等。

5. Web 安全性测试

Web 应用系统的安全性测试区域主要有：

①现在的 Web 应用系统基本采用先注册,后登录的方式。所以我们可以测试用户在不同情况下的登录情况,例如不登录就可以访问到某个页面等。

②Web 应用系统是否有超时的限制,也就是说,用户登录后在一定时间内(例如 15～20 分钟)没有单击任何页面,是否需要重新登录才能正常使用。

③为了保证 Web 应用系统的安全性,日志文件是至关重要的。需要测试相关信息是否写进了日志文件、是否可追踪。

④当使用了安全套接字时,还要测试加密是否正确,检查信息的完整性。

⑤服务器端的脚本常常构成安全漏洞,这些漏洞又常常被黑客利用。

下面使用 HP Scrawlr 工具来检测网站是否存在 SQL 注入(SQL injection)漏洞。所谓 SQL 注入,就是通过把 SQL 命令插入 Web 表单提交或输入域名或页面请求的查询字符串,最终达到欺骗服务器执行恶意的 SQL 命令。具体来说,它是利用现有应用程序,将(恶意的)SQL 命令注入后台数据库引擎执行的能力,它可以通过在 Web 表单中输入(恶意)SQL 语句得到一个存在安全漏洞的网站上的数据库,而不是按照设计者意图去执行 SQL 语句。HP Scrawlr 是 HP 提供的以查找代码中的安全漏洞工具。这款软件是免费的,并且很容易上手。Scrawlr 可用于对单独的网页进行 SQL 注入漏洞的检测和利用。这个程序运行速度非常快,在运行期间,它可以利用 HP 的智能引擎技术来创建和动态执行 SQL 注入。最后,它还能提供一份简单的报告来供管理员分析有关结果。

如果该程序成功的话,就会看到数据库和各种表。Scrawlr 只可用于合法地扫描自己的站点,而不得用于组织之外的站点。如图 6-28 所示是 Scrawlr 使用的截图。类似工具还有 Netsparker Community Edition、N-Stalker 等。

图 6-28　使用 Scrawlr 进行 SQL 注入检测

Web 目录安全也是安全性测试之一,DirBuster 是 Owasp(开放 Web 软体安全项目,Open Web Application Security Project)开发的一款专门用于探测 Web 服务器的目录和隐藏文件。由于使用 Java 编写,所以要有 JDK 支持才能运行。使用界面和设置,如图 6-29所示。

单击"Start"按钮,开始扫描目录,目录列表结果,如图 6-30 所示。

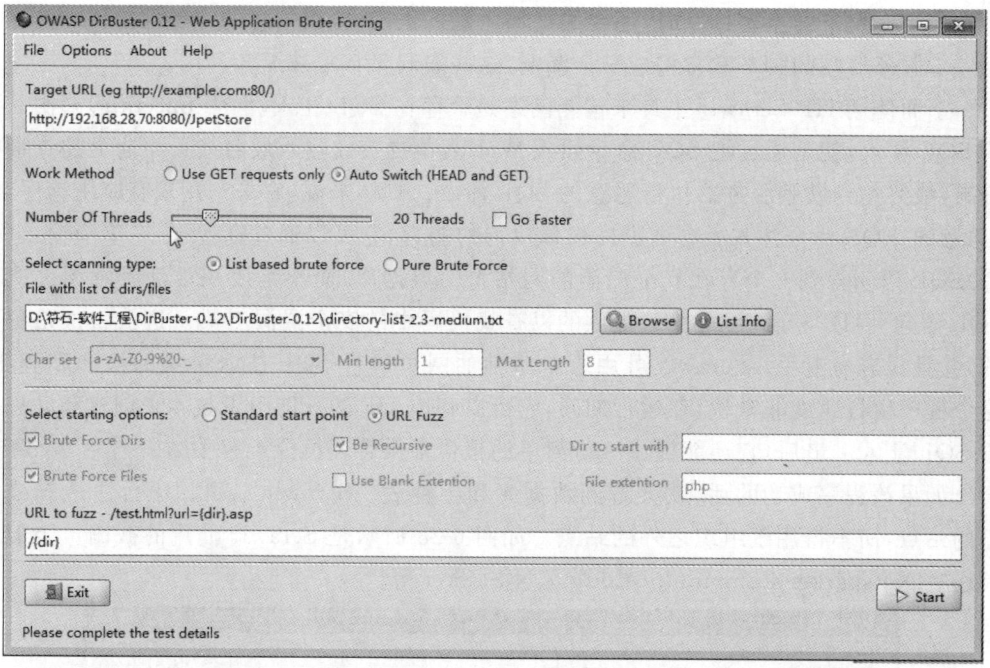

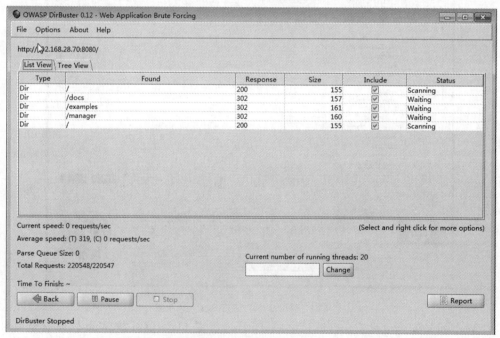

图 6-29　DirBuster 使用初始设置

图 6-30　扫描目录列表

还可以查看目录树列表,如图 6-31 所示。

除了使用工具进行 Web 安全性测试之外,也可以尝试使用手工方法进行测试。常见问题及测试方法如下所列。

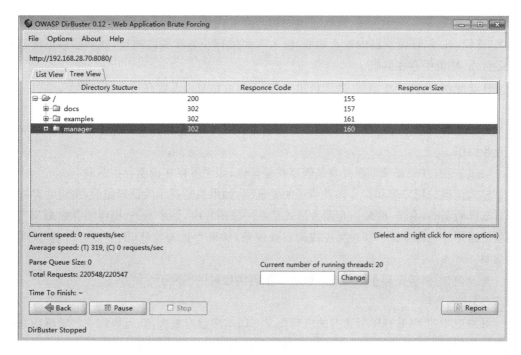

图 6-31　目录树列表

（1）XSS（CrossSite Script）跨站脚本攻击

XSS（CrossSite Script）跨站脚本攻击。它指的是恶意攻击者向 Web 页面里插入恶意 HTML 代码，当用户浏览该页之时，嵌入 Web 里面的 html 代码会被执行，从而达到恶意用户的特殊目的。

测试方法：在数据输入界面，添加记录输入：＜script＞alert(/20580/)＜/script＞，添加成功如果弹出对话框，表明此处存在一个 XSS 漏洞。或把 url 请求中参数改为＜script＞alert(/20580/)＜/script＞，如果页面弹出对话框，表明此处存在一个 XSS 漏洞。

修改建议：过滤掉用户输入中的危险字符。对输入数据进行客户端和程序级的校验（如通过正则表达式等）。例如：对用户输入的内容和变量有没有做长度限制和对＜、＞、;、'等字符是否做过滤。

（2）文件目录测试

目录列表能够造成信息泄漏，而且对于攻击者而言是非常容易进行的。所以在测试过程中，要注意目录列表漏洞。

测试方法：通过浏览器访问 Web 服务器上的所有目录，检查是否返回目录结构，如果显示的是目录结构，则可能存在安全问题；或使用 DirBuster 软件进行测试。

修改建议：针对每个 Directory 域都使用 Allow、Deny 等指令设置，严格设定 Web 服务器的目录访问权限。

（3）会话清除测试

用户注销后会话信息需要清除，否则会导致用户在单击"注销"按钮之后还能继续访问注销之前才能访问的页面。

测试方法:进入登录页面,输入正确的用户名和密码,登录成功后,进行一些业务操作,单击"注销"按钮,在浏览器内输入地址,输入上面进行业务操作的地址,如果能够正常返回业务页面,则说明存在漏洞。

修改建议:在用户注销后,必须将用户的 Session 信息以及缓存信息全部清空。

(4)验证码测试

查看是否有验证码机制,以及验证码机制是否完善,避免使用自动化工具重复登录和进行业务操作。

测试方法:打开登录页面查看是否存在验证码,如果不存在说明存在漏洞。

输入正确的用户名和口令以及错误的验证码,如果只是提示验证码错误,则说明存在漏洞。选择验证码,右击,验证码是图片形式且在一张图片中,如果不是,则说明存在漏洞。观察验证码图片中背景是否存在无规律的点或线条,如果背景为纯色(例如只有白色)说明存在漏洞。

修改建议:将验证码生成放在一张进行了混淆处理的图片上。

(5)代码注释

开发版本的 Web 程序所带有的注释在发布版本中没有被去掉,而导致一些敏感信息的泄漏。我们要查看客户端能看到的页面源代码并发现此类安全隐患。

测试方法:打开登录页面(或者待测试页面),单击浏览器邮件,查看源代码,检查源代码注释部分是否有敏感信息泄漏,敏感信息包括以下内容:字段文字描述、内网 IP 地址、SQL 语句以及物理路径等。

修改建议:请勿在 HTML 注释中遗留任何重要信息(如文件名或文件路径)。

从生产站点注释中除去以前(或未来)站点链接的跟踪信息,避免在 HTML 注释中放置敏感信息,确保 HTML 注释不包括源代码片段。

习题 6

1.简述 Web 系统测试的内容。

2.Web 系统的功能测试内容有哪些?

3.Web 系统性能测试指标有哪些?

4.Web 系统性能测试种类有哪几种?

5.Web 系统界面测试内容。

6.Web 系统兼容性测试有哪些?

7.如何测试 Web 系统的安全性?

8.简述性能测试工具 LoadRunner 在 Web 系统性能测试中的主要应用。

第7章

软件测试自动化

软件测试是一项需要投入大量时间和精力的艰苦工作,根据统计,软件测试会占用整个开发时间的40%。对于一些可靠性要求非常高的软件,测试时间甚至占用到开发总时间的60%。由于软件发布前要进行多轮测试,也就是说大量的测试用例会被执行多遍,因此软件测试工作具有比较大的重复性。随着软件产品版本不断更新,不断增加功能或修改功能,期间所进行的测试工作重复性很高,所有这些因素驱动着软件自动化的产生和发展。

软件测试实行自动化进程,不是因为厌烦测试的重复工作,而是为了测试工作的需要,提高测试效率和测试结果的可靠性、准确性与客观性,不但完成了手工测试不能完成的任务,还提高了测试覆盖率,保证了测试质量。

本章主要介绍软件测试自动化的概念、原理,如何引入和实施自动化测试以及常用软件自动化测试工具,使读者全面掌握软件测试自动化相关知识和技能。

主要内容

- 自动化测试概述
- 自动化测试管理工具 QC 的使用
- 功能自动化测试工具 QTP 的应用
- 性能自动化测试工具 LoadRunner 的应用

能力要求

- 了解自动化测试特点
- 掌握自动化测试管理工具 QC 的基本使用
- 掌握功能自动化测试工具 QTP 创建测试并运行的方法
- 掌握性能自动化测试工具 LoadRunner 脚本录制以及创建测试的方法

7.1 软件自动化测试概述

自动化测试是相对手工测试而存在的一个概念。手工逐个运行测试用例的操作过程被测试工具或系统自动执行的过程代替。自动化测试主要通过所开发的软件测试工具、脚本等来实现,具有良好的可操作性且具有可重复性和高效率的特点。测试自动化是软件测试中提高测试效率、覆盖率和可靠性的重要手段,是软件测试不可分割的部分。

7.1.1　什么是测试自动化

谈到自动化测试,一般都会提到测试工具。许多人认为使用一两个测试工具就是实现了测试自动化,这种理解较为片面。测试工具的使用是自动化测试的一部分工作,但是"用测试工具进行测试"不等同于"测试自动化"。

自动化测试是把人为驱动的测试行为转化为机器执行的一种过程,即模拟手工测试步骤,通过执行测试脚本,自动地完成软件的单元测试、功能测试或性能测试等工作。自动化测试集中体现在实际测试被自动执行的过程上,也就是之前由手工逐个地运行测试用例的过程被测试工具的自动执行过程所代替。测试自动化必然要借助工具,然而仅使用测试工具是不够的,还应借助网络通信环境、邮件系统、改进开发流程等方法,最终由系统自动完成软件测试各项工作,包括:

①测试环境搭建和设置,如自动上传软件包到服务器并完成安装。

②基于模型实现测试设计自动化,或基于软件设计规格说明书实现测试用例的自动生成。

③根据 UML 状态图、时序图等自动生成可运行的测试脚本。

④测试数据自动产生,例如通过 SQL 语句在数据库中产生大量数据记录,便于测试。

⑤测试操作步骤的自动执行,例如软件系统模拟操作及测试执行过程监控。

⑥测试结果分析。

⑦测试报告自动生成等。

由此可见,测试自动化意味着测试全过程的自动化和测试管理工作的自动化。自动化测试是相对手工测试而存在的,所以测试自动化的真正含义可以理解为"一切可以由计算机系统自动完成的测试任务都已经由计算机系统或软件工具、程序来承担并自动执行"。所包含的三层含义为:

①"一切",不仅仅指测试执行工作——包括对被测试对象进行验证以及测试的其他工作,如缺陷管理、测试管理、环境安装以及设置维护等。

②"可以",意味着某些无法由系统自动完成的,诸如脚本开发、测试用例设计等需要手工处理的工作。

③即便由系统进行自动化测试,仍然少不了人工干预,包括安排测试任务、测试结果分析等。

7.1.2　手工测试具有的局限性

测试人员在进行手工测试时,具有创造性,能够从一个测试用例想到一些新的测试场景。同时,对于复杂的逻辑判断以及界面友好程度,手工测试具有明显优势。但是,简单的功能性测试用例在每一轮测试中必不可少,且具有一定的机械性、重复性,加之工作量大,不能体现手工测试的优越性。手工重复测试容易引起测试人员的乏味,严重影响测试人员的工作情绪等,因此,手工测试存在一定局限性,例如:

①手工测试无法做到覆盖所有代码路径。

②手工测试难以捕捉死锁、资源冲突、多线程等有关错误。

③在性能测试、负载测试时,需要模拟大量数据或模拟大量并发用户场合,没有测试工具模拟,结果无法想象。

④在系统可靠性测试时,需要模拟系统运行几年、十几年的情景,用来验证系统是否稳定运行,手工测试无法模拟。

⑤回归测试时,时间紧,往往需要在一天内完成上万个测试用例的执行,手工测试无法达到要求。

7.1.3　软件测试自动化的优势与缺陷

由于手工测试的局限性,软件测试借助测试工具成为必然。自动化测试由计算机系统自动完成,机器执行速度快且 24 小时连续工作,并且可以严格按照开发的脚本、指令进行,不会出差错,因此与手工测试相比,自动化测试优势明显。

①程序回归测试变得更加便捷。这可能是自动化测试最主要的任务,特别是在程序修改比较频繁时,效果是非常明显的。由于回归测试的动作和用例是完全设计好的,测试期望的结果也是完全可以预料的。将回归测试自动运行,可以极大提高测试效率,缩短回归测试时间。

②可以运行更多更繁琐的测试。自动化的一个明显的好处是可以在较短的时间内运行更多的测试。

③可以执行一些手工测试困难或不可能进行的测试。比如,对于大量用户的测试,不可能让足够多的测试人员同时进行测试,但是却可以通过自动化测试模拟同时有许多用户的情景,从而达到测试的目的。

④更好地利用资源。将繁琐的任务自动化,可以提高准确性和测试人员的积极性,将测试技术人员解脱出来投入更多精力设计更好的测试用例。有些测试不适合自动测试,仅适合手工测试,将可自动进行的测试自动化后,可以让测试人员专注于手工测试部分,提高手工测试的效率。

⑤测试的复用性。由于自动测试通常采用脚本技术,这样就有可能只需要做少量的甚至不做修改,实现在不同的测试过程中使用相同的测试用例。

正是这些特点,软件测试自动化可以弥补手工测试的不足。然而,自动化测试也同样存在不可避免的缺陷:

- 手工测试比自动测试发现的缺陷更多。
- 对测试质量的依赖性极大。
- 测试自动化不能提高有效性。

7.2　自动化测试管理工具 QC 的使用

7.2.1　概述

Quality Center 是 Mercury Interactive 公司推出的一个基于 Web 且支持测试管理的

所有必要方面的应用程序。该软件提供统一、可重复的流程,用于收集需求、计划和安排测试、分析结果并管理缺陷和问题。组织可使用该软件在较大的应用程序生命周期中实现特定质量流程和过程的数字化。该软件还支持在 IT 团队内进行高水平沟通和协调。

QC 的主要功能:

①Quality Center 有助于维护测试的项目数据库。这个数据库涵盖了应用程序功能的各个方面。涉及项目中的每个测试,以满足应用程序的某个特定的测试需求。要达到项目的各个目标,可将项目中的测试组织成各种特定的组。Quality Center 提供了一种直观、高效的方法,用于计划和执行测试集、收集测试结果以及分析相关数据。Quality Center 还具有一套完善的系统,用于跟踪应用程序缺陷,通过它,您可以在从初期检测到最后解决的整个过程中严密监视缺陷。将 Quality Center 链接到电子邮件系统,所有应用程序开发、质量保证、客户支持和信息系统人员可以共享缺陷跟踪信息。

②Quality Center 可以集成 Mercury 测试工具(WinRunner、QuickTest Professional、QuickTest Professional for MySAP. com Windows Client、LoadRunner 和 Visual API-XP)以及第三方和自定义测试工具、需求和配置管理工具。Quality Center 可以无缝地与您选择的测试工具通信,提供一套完整的解决方案,使应用程序测试完全自动化。

③Quality Center 可指导您完成测试流程的需求指定、测试计划、测试执行和缺陷跟踪阶段。它把应用程序测试中所涉及的全部任务集成起来,有助于确保客户能够得到最高质量的应用程序。

7.2.2 安装

Quality Center 客户端无须安装,在 IE 中直接访问 http://linksky-0test:8080/qcbin,如图 7-1 所示,即可进入 Quality Center 主页,如果是第一次访问,系统会要求用户安装插件;安装完毕后,单击 Quality Center 链接项,即可进入项目选择和登录页面;站点管理相当于 QC 的 Site Administrator;插件页提供了一部分插件下载的官方链接。

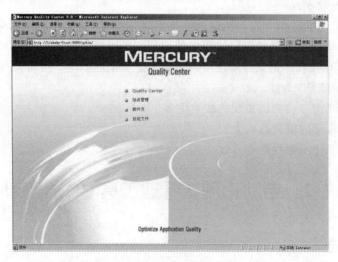

图 7-1 站点主页

7.2.3 站点管理

单击"站点管理"链接进入登录页面,该页面只有 admin 用户可以登录,在站点管理页面中可以对站点项目、站点用户、许可证、QC 数据库、数据服务器进行相应的设置,本节这里只介绍经常用到的对站点项目和用户的操作,如果想进一步了解"站点管理"的其他功能请参考 Quality Center 9.0 用户手册。

1. 站点项目

在"站点项目"选项卡下单击"创建域"并输入域名,来建立新的域,如图 7-2 所示。

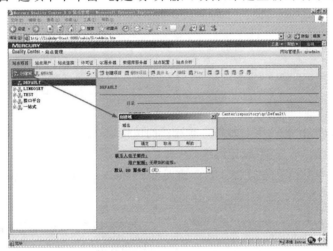

图 7-2 站点项目→创建域

域建立完毕后,右侧会显示该域的详细信息,如图 7-3 所示。

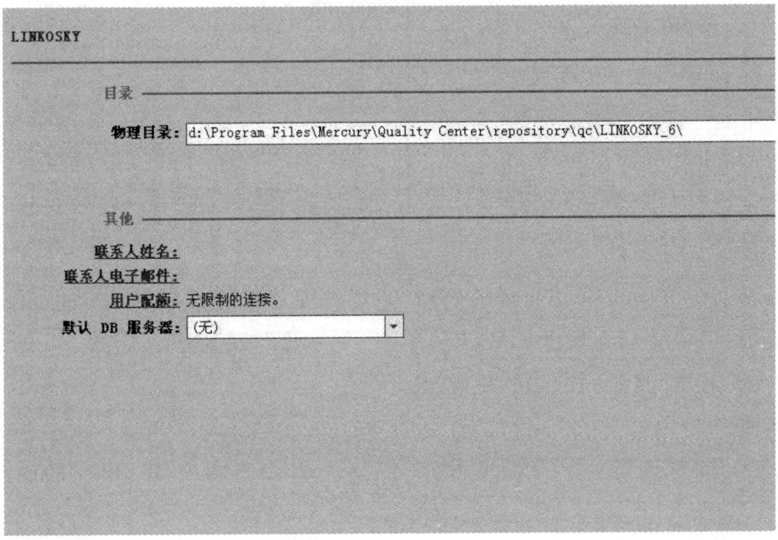

图 7-3 域的详细信息

接着单击"创建项目",打开"创建项目"窗口建立新项目,如图 7-4 所示。

　　第一个选项用于创建一个空项目；如果选择第二个选项，则创建的项目将会继承所复制项目的所有数据；第三个选项是进行项目数据移植时使用的，这里我们选择第一个选项，创建一个空项目，并单击"下一步"按钮，如图7-5所示。

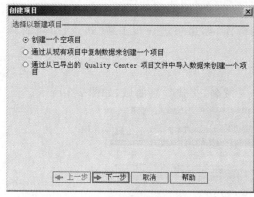

图 7-4　创建项目

图 7-5　创建项目选项

　　输入项目名称，在这一步中如果之前选择的域错误，还可以在此选择此项目包含于哪个域下，完成后单击"下一步"按钮继续，如图7-6所示。

　　选择数据库类型和服务器名、DB管理员用户和DB管理员密码后，继续单击"下一步"按钮，如图7-7所示。

图 7-6　服务器类型选择

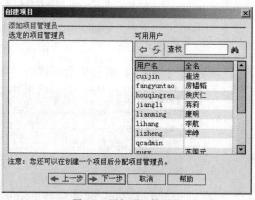

图 7-7　添加项目管理员

　　这里可以选择该项目所需加载的用户（注意此处加载用户后，默认都具有qcadmin和viewer的权限，需要手动再修改），完成后单击"下一步"按钮继续，如图7-8所示。

　　最后单击"创建"按钮完成项目的创建。

2. 站点用户

　　单击"站点用户"选项卡下的"新建用户"按钮打开"新建用户"窗口来添加用户，如图7-9所示。

　　填写完毕后单击"确定"按钮完成添加。

　　提示：

　　①用户名即登录ID。

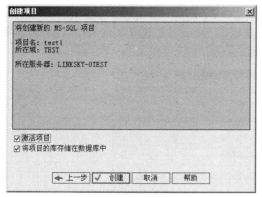

图 7-8　加载项目

图 7-9　创建用户

②为了方便识别,"全名"这一栏请填写用户的中文名。

③如果要使用 QC 的自动发送邮件功能,就必须填写电子邮件地址。

④新用户建立后密码默认为空,如果需要在站点管理为其添加密码,请单击右侧上方工具栏中的"设置用户密码"按钮。

3. 站点连接

在"站点连接"选项卡下可以查看目前正在连接 QC 服务器的用户信息列表,这部分功能不多,值得注意的是,如果有特殊原因导致有用户锁死,在这里可以强行踢下线,以保证项目能正常使用(当某个需求、用例或缺陷在用户编辑状态下时,其他用户无法对其进行操作),如图 7-10 所示。

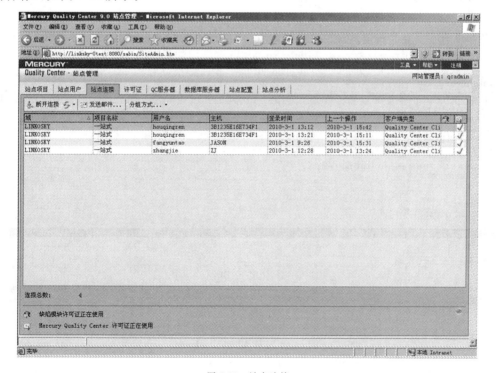

图 7-10　站点连接

4. 数据库服务器

在"数据库服务器"页面,可以新增/删除数据库,如果需要建立新的 QC 数据库,包括 Oracle 和 SQL,单击"新建"按钮,如图 7-11 所示。

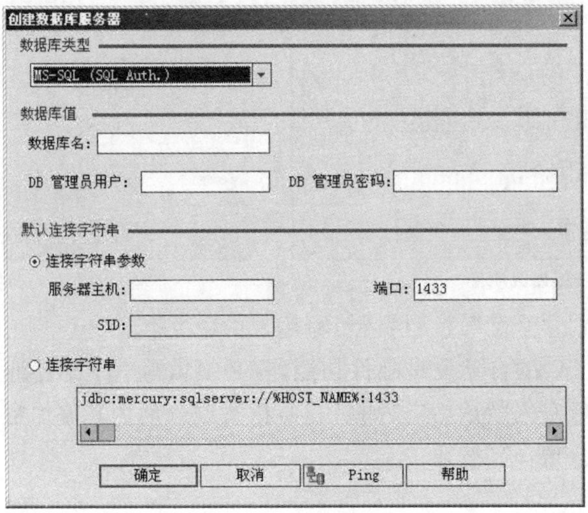

图 7-11　创建数据库服务器

DB 管理员用户:qcadmin。

DB 管理员密码:qcadmin。

5. 站点配置

在"站点配置"页面,可以对 QC 安装时的一些配置项进行修改和重新配置;如果邮件服务器没有在安装时指定,可以在"站点配置"中进行重新配置,分别是 MAIL_PROTOCOL 和 MAIL_SERVER_HOST 项,如图 7-12 所示。

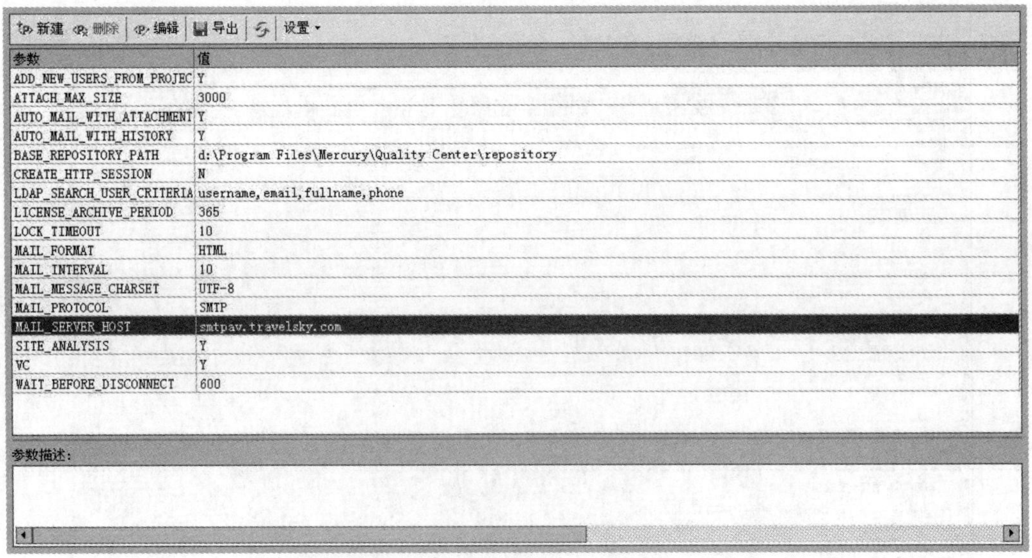

图 7-12　站点配置

7.2.4　登录页面

Quality Center 的登录页面和 TD 的有一些区别,TD 是登录的同时选择域和项目,而 QC 是先进行身份验证,再选择域和项目,这样不属于该用户的域和项目在身份验证后也不会显示出来,避免了当域和项目过多时,选择的不便,如图 7-13 所示。

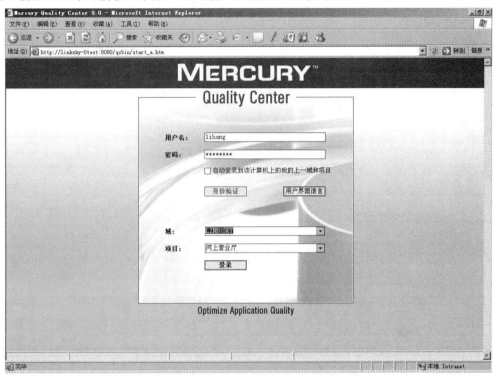

图 7-13　Quality Center 的登录页面

7.2.5　自定义设置

成功登录 Quality Center 后选择右上方的"工具"选项,选择"自定义"(等同于 TD 登录页面中的 Customer 选项),如图 7-14 所示。

1.设置项目用户和权限组

选择左侧的"设置项目组用户",需要在项目中添加用户时在这里进行操作,单击"添加用户"按钮,将数据库用户列表中属于该项目的用户添加进来(也可以在这里新建用户),用户添加完成后设置用户权限,QC 默认的权限组有 5 个,分别是 Viewer(对应 TD 中的 Guest)、QATester(测试人员)、Developer(开发人员)、Project Manager(项目经理)和 TDAdmin(超级管理员),如图 7-15 所示。

但在实际工作中很可能以上权限组和实际工作中需要的权限不一样,这就需要重新设置适合自己的权限组,单击左侧的"设置组"选项,在右侧选择新增组,如图 7-16 所示。

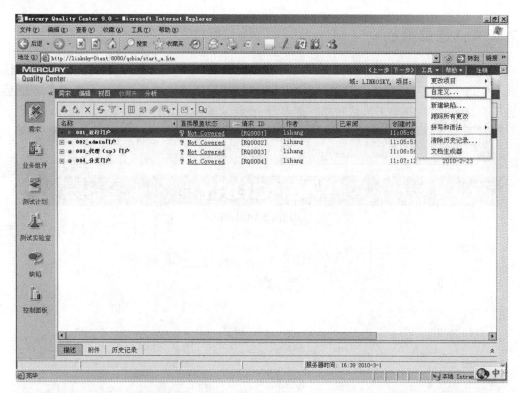

图 7-14　登录后主页面

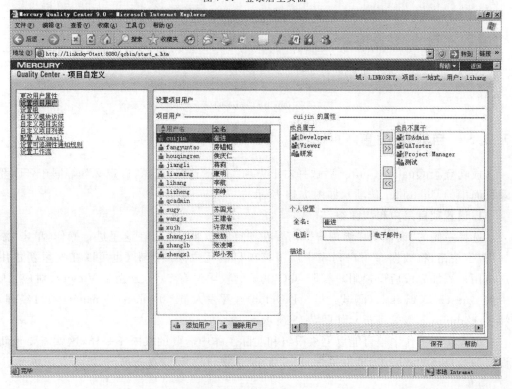

图 7-15　设置项目用户及用户组

由于 QC 默认的 5 个权限组是无法修改的,所以在新建权限组时,可以选择继承一个的所有权限,并在这个基础上再修改,完成后单击"确定"按钮,并选中新增的权限组,单击"更改"对其权限进行修改,常用的权限主要集中在对缺陷的处理上,我们以此为例说明 QC 中对权限的修改方法:首先选中"缺陷"选项卡,展开"修改缺陷",单击"状态",在右边对转换规则进行修改,例如我们新建的这个组是继承 Developer 权限组,其默认的转换规则如图 7-17 所示。

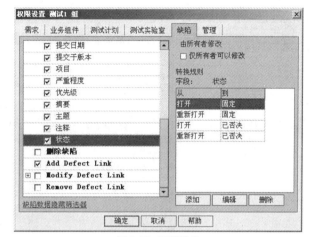

图 7-16　新建组　　　　　　　　　　　　　　图 7-17　权限设置

代表此权限组能将缺陷的状态从"打开"转换为"固定"和"已否决",从"重新打开"转换为"固定"和"已否决"(QC 9.0 的中文版中缺陷状态固定应该是 Fixed,不知道为什么会翻译成固定,看着别扭的话可以手动改成已修复),下面我们添加两条转换规则,从"打开"到"已修复"和从"重新打开"到"已修复",单击"添加"按钮,添加如图 7-18 所示的转换规则($ANY 就是任意值,如果选择从 $ANY 到 $ANY,即该权限组可以将任意状态的缺陷转换为任意状态)。

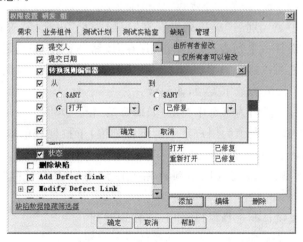

图 7-18　权限设置—转换规则

2. 添加自定义字段

在 Quality Center 中提供了许多好用的字段,但是在实际应用中,需要添加一些自定义的字段来方便对需求、用例和缺陷进行统计和管理,例如模块字段等。下面我们在缺陷表中增加一个模块字段以方便进行缺陷统计和管理,首先在左侧选择"自定义项目实体",在右侧展开"缺陷",选择"用户字段",并单击"新建字段"按钮,如图 7-19 所示。

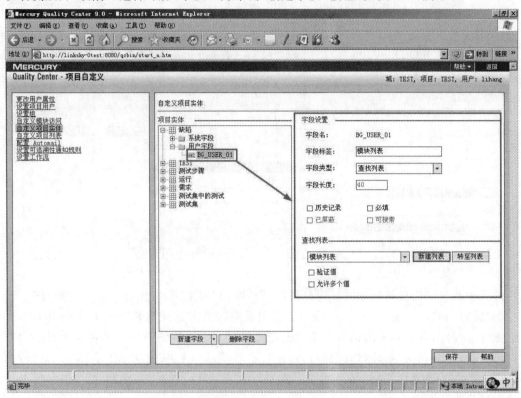

图 7-19　添加自定义字段

在"字段标签"中填入别名"模块列表",在"字段类型"中选择"查找列表",并在下方"查找列表"选项里选择一个列表,最后单击"保存"按钮,完成添加自定义字段的操作。

"字段类型"属性可以选择数字、字符串、查找列表、用户列表、日期五种类型。

• 数字类型:字段值为数字类型,如编号。

• 字符串类型:字段值为字符串类型,如摘要、注释。

• 查找列表类型:字段值为用户定义的下拉列表,下拉列表的取值用户可以自己定义,如严重级别、Bug 状态。

• 用户列表类型:字段值为以本项目相关用户为取值的下拉列表,如分配给、提交人。

• 日期类型:提供日期选择窗口,如 Bug 发现时间。

单击"确定"按钮完成字段的添加。字段的添加只影响本项目。

3. 添加查找列表

通常我们在添加了类型为查找列表的自定义字段后,还必须手动添加查找列表,QC

系统里有两个地方可以进行添加，一个是在添加自定义字段后且选择类型为查找列表时，页面会出现新建和选择列表的选项，如图 7-20 所示。

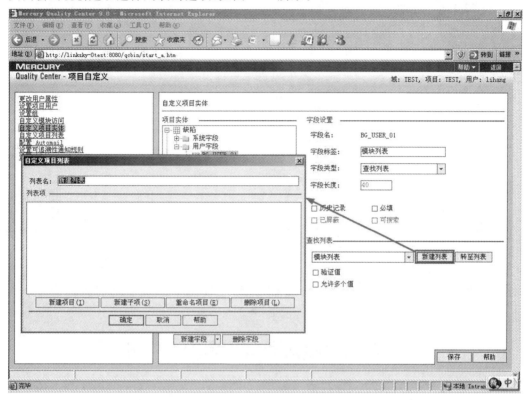

图 7-20　添加查找列表

其中"新建项目"和"新建子项"用来添加不同级别的列表内容，其余功能都比较简单，在此不再赘述，创建结果如图 7-21 所示。

图 7-21　新建项目

或者单击左侧的"自定义项目列表"并在右侧按上面叙述过的方法添加列表内容，如图 7-22 所示。

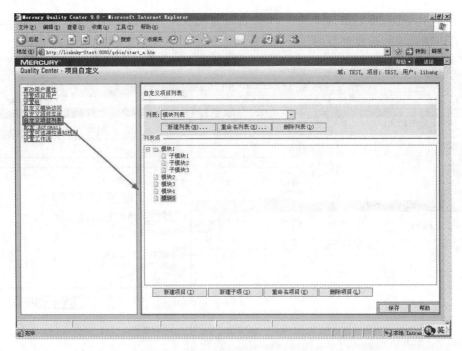

图 7-22　自定义项目列表查看

7.3　功能自动化测试工具 QTP 的应用

　　提到自动化测试，QTP 是不得不提的，QTP 全名为 HP QuickTest Professional Software，是 HP 公司旗下的一款产品，长期以来被称为测试界的"倚天剑"。QTP 是 QuickTest Professional 的简称，是一种自动测试工具。使用 QTP 的目的是用它来执行重复的手动测试，主要是用于回归测试和测试同一软件的新版本。因此你在测试前要考虑好如何对应用程序进行测试，例如要测试哪些功能、操作步骤、输入数据和期望的输出数据等。是一款当前流行的自动化功能测试工具，它的关键字驱动测试（Keyword-driven testing）特性在增强测试创建和维护方面有很强的优势。

　　QTP 是一个功能测试工具，主要帮助测试人员完成软件的功能测试，与其他测试工具一样，QTP 不能完全取代测试人员的手工操作，但是在某个功能点上，使用 QTP 的确能够帮助测试人员做很多工作。在测试计划阶段，首先要做的就是分析被测应用的特点，决定应该对哪些功能点进行测试，可以考虑细化到具体页面或者具体控件。对于一个普通的应用程序来说，QTP 应用在某些界面变化不大的回归测试中是非常有效的。

　　下面以 QTP 9.0 版本为例，介绍 QTP 的基本使用方法以及关键字驱动测试方法。

7.3.1　插件管理

　　QTP 支持对 Visual Basic、Java、.NET 等各种类型的测试，但是内建的支持只有 ActiveX、Visual Basic、Web 三种类型，对其他类型的支持需要安装相应的插件。启动 QTP 时会出现如图 7-23 所示插件加载界面。

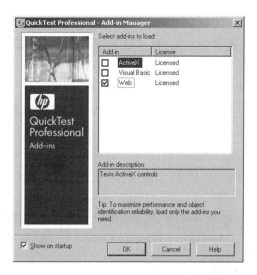

图 7-23　QTP 插件加载界面

这是一个 QTP 插件管理器,每次启动前需要选择对应的插件才能进行测试。插件的选择是为了能够成功识别对应插件的测试对象控件,也就是说和被测控件有关,而与是用什么语言编写的没有关系。

注意:为了对象识别的稳定性,以及性能上的考虑,尽量只加载必要的插件。

7.3.2　QuickTest 工作流程

利用 QTP 创建测试脚本对被测软件进行测试的基本过程与其他同类型工具的使用基本一致,主要包含如图 7-24 所示的 3 个主要步骤:

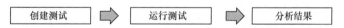

创建测试　→　运行测试　→　分析结果

图 7-24　QTP 的基本测试过程

1. 录制测试脚本前的准备

在测试前需要确认你的应用程序及 QuickTest 是否符合测试需求,确认你已经知道如何对应用程序进行测试,如要测试哪些功能、操作步骤、预期结果等。

同时也要检查一下 QuickTest 的设定,如 Test Settings 以及 Options 对话窗口,以确保 QuickTest 会正确地录制并储存信息,确认 QuickTest 以何种模式储存信息。

2. 录制测试脚本

操作应用程序或浏览网站时,QuickTest 会在 Keyword View 中以表格的方式显示录制的操作步骤。每一个操作步骤都是使用者在录制时的操作,如在网站上单击链接,或在文本框中输入信息。

3. 加强测试脚本

在测试脚本中加入检查点,可以检查网页的链接、对象属性、字符串,以验证应用程序的功能是否正确。

将录制的固定值以参数取代,使用多组的数据测试程序。使用逻辑或者条件判断式,可以进行更复杂的测试。

4. 对测试脚本进行调试

修改过测试脚本后,需要对测试脚本做调试,以确保测试脚本能正常并且流畅地执行。

5. 在新版应用程序或者网站上执行测试脚本

通过执行测试脚本,QuickTest 会在新打开的网站或者应用程序上执行测试,检查应用程序的功能是否正确。

6. 分析测试结果

分析测试结果,找出问题所在。

7. 测试报告

如果你安装了 TestDirector(Quality Center),则可以将发现的问题反馈发送到 TestDirector (Quality Center)数据库中。TestDirector(Quality Center)是 Mercury 测试管理工具。

7.3.3　QTP 程序界面

在学习创建测试之前,先了解一下 QuickTest 的主界面。如图 7-25 所示,是录制了一个操作后 QuickTest 的界面。

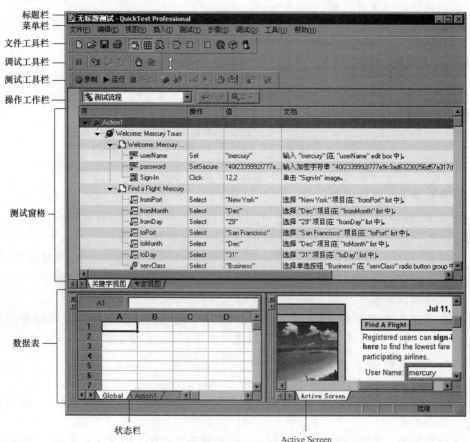

图 7-25　QTP 主界面

在 QTP 界面包含标题栏、菜单栏、文件工具栏等几个界面元素，下面简单解释各界面元素的功能：

①标题栏，显示了当前打开的测试脚本的名称。

②菜单栏，包含了 QuickTest 的所有菜单命令项。

③文件工具栏，在工具栏上包含了如图 7-26 所示的按钮。

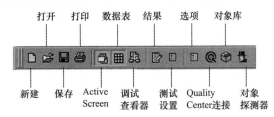

图 7-26 QTP 标题栏、菜单栏、文件工具栏

- 测试工具栏，包含了在创建、管理测试脚本时要使用的按钮，如图 7-27 所示。

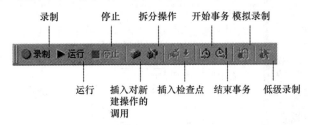

图 7-27 QTP 测试工具栏

- 调试工具栏，包含在调试测试脚本时要使用的工具栏，如图 7-28 所示。

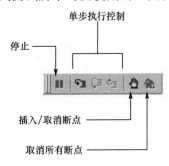

图 7-28 QTP 调试工具栏

- 测试脚本管理窗口，提供了两个可切换的窗口，分别通过图形化方式和 VBScript 脚本方式来管理测试脚本。

- Data Table 窗口，用于参数化你的测试。

- 状态栏，显示测试过程中的状态。

7.3.4 创建测试

可以通过手工创建对象库添加测试步骤的方式，也可以通过录制软件操作过程的方式来创建测试。

当浏览网站或使用应用程序时，QuickTest会记录你的操作步骤，并产生测试脚本。当停止录制后，会看到QuickTest在Keyword View中以表格的方式显示测试脚本的操作步骤。

在录制脚本前，首先要确认以下几项：

①已经在Mercury Tours示范网站上注册了一个新的使用者账号。

②在正式开始录制一个测试之前，关闭所有已经打开的IE窗口。这是为了能够正常的进行录制，这一点要特别注意。

③关闭所有与测试不相关的程序窗口。

Mercury Tours示范网站是一个提供机票预订服务的网站，在本课程中，我们使用MI公司提供的Mercury Tours示范网站作为演示QuickTest各个功能的例子程序，如图7-29所示。

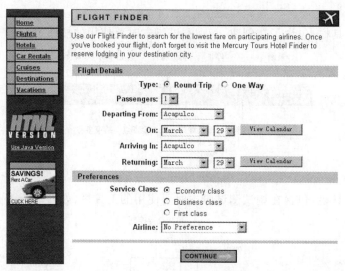

图7-29   Mercury Tours示范网站

①在开始使用Mercury Tours示范网站（http://newtours.mercuryinteractive.com）之前，要在Mercury Tours网站上注册一个使用者账号。

②在使用网站时，从［Flight Finder］网页开始，按照画面上的指示预订机票。在Book a Flight网页，无需填写真实的旅客信息，在信用卡卡号等标示为红色的字段中添加虚拟数据就可以了。

这部分我们使用QuickTest录制一个测试脚本，在Mercury Tours范例网站上预订一张从纽约（New York）到旧金山（San Francisco）的机票。

1. 执行QuickTest并开启一个全新的测试脚本

开启QuickTest，在"Add-in Manager"窗口中选择"Web"选项，单击"OK"关闭"Add-in Manager"窗口，进入QuickTest Professional主窗口。

如果QuickTest Professional已经启动，检查"Help"→"About QuickTest Professional"，查看目前加载了哪些Add-in。如果没有加载"Web"，那么必须关闭并重新启动QuickTest Professional，然后在"Add-in Manager"窗口中选择"Web"。

如果在执行 QuickTest Professional 时没有开启"Add-in Manager"，则单击"Tool"→
"Options"，在"General"标签页勾选"Display Add-in Manager on Startup"，在下次执行
QuickTest Professional 时就会看到"Add-in Manager"窗口了。

2. 开始录制测试脚本

选中"Test"→"Record"或者点选工具栏上的"Record"按钮，打开"Record and Run
Settings"对话窗口，如图 7-30 所示。

在"Web"标签页选择"Open the following browser when a record or run session
begins"，在"Type"下拉列表中选择"Microsoft Internet Explorer"为浏览器的类型；在
"Address"中添加"http://newtours.mercuryinteractive.com/(网站地址)"，这样，在录制
的时候，QuickTest 会自动打开 IE 浏览器并链接到 Mercury Tours 范例网站上。

现在我们再切换到"Windows Application"标签页，如图 7-31 所示。

图 7-30　QTP"Record and Run Settings"窗口

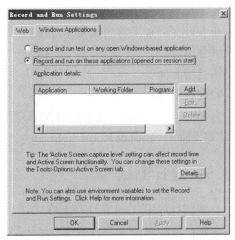

图 7-31　QTP"Windows Application"标签页

如果选择"Record and run test on any open Windows-based application"单选按钮，
则在录制过程中，QuickTest 会记录你对所有的 Windows 程序所做的操作。如果选择
"Record and run on these applications(opened on session start)"单选按钮，则在录制过
程中，QuickTest 只会记录对那些添加到下面"Application details"列表框中的应用程序
的操作(你可以通过"Add""Edit""Delete"按钮来编辑这个列表)。

我们选择第二个单选按钮。因为我们只是对 Mercury Tours 范例网站进行操作，不
涉及 Windows 程序，所以保持列表为空。

单击"OK"按钮，开始录制了，将自动打开 IE 浏览器并链接到 Mercury Tours 范例网
站上。

3. 登录 Mercury Tours 网站

输入注册时使用的账号和密码，单击"Sign-in"，进入"Flight Finder"网页。

4. 输入订票数据

输入以下订票数据：Departing From：New York

On：May 14

Arriving In:San Francisco

Returning:May 28

Service Class:Business class

其他字段保留默认值,单击“CONTINUE”按钮打开“Select Flight”页面。

5. 选择飞机航班

可以保存默认值,单击“CONTINUE”按钮打开“Book a Flight”页面。

6. 输入必填字段(红色字段)

输入用户名和信用卡号码(信用卡可以输入虚构的号码,如 8888-8888)。单击网页下方的“SECURE PURCHASE”按钮,打开“Flight Confirmation”网页。

7. 完成定制流程

查看订票数据,并选择“BACK TO HOME”回到 Mercury Tours 网站首页。

8. 停止录制

在 QuickTest 工具列上单击“Stop”按钮,停止录制。到这里已经完成了预订从“纽约—旧金山”机票的动作,并且 QuickTest 已经录制了从按下“Record”按钮后到“Stop”按钮之间的所有操作。

9. 保存脚本

选择“File”→“Save”或者电机工具栏上的“Save”按钮,开启“Save”对话窗口。选择路径,填写文件名,我们取名为 Flight,单击“保存”按钮进行保存。

7.3.5 运行测试

在录制过程中,QuickTest 会在测试脚本管理窗口(也叫 Tree View 窗口)中产生对每一个操作的相应记录。并在 Keyword View 中以类似 Excel 工作表的方式显示所录制的测试脚本。当录制结束后,QuickTest 也就记录下了测试过程中的所有操作。测试脚本管理窗口显示的内容,如图 7-32 所示。

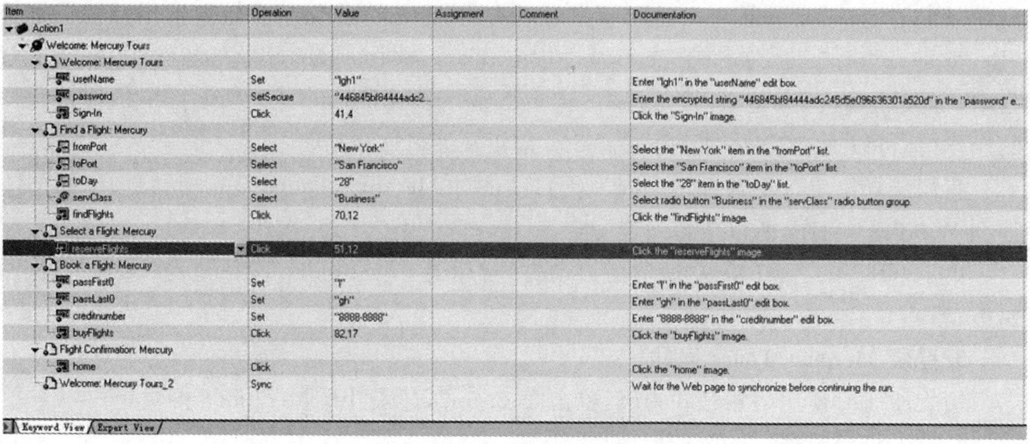

Item	Operation	Value	Assignment	Comment	Documentation
Action1					
Welcome: Mercury Tours					
Welcome: Mercury Tours					
userName	Set	"lgh1"			Enter "lgh1" in the "userName" edit box.
password	SetSecure	"446845bf84444adc2...			Enter the encrypted string "446845bf84444adc245d5e096636301a520d" in the "password" e...
Sign-In	Click	41,4			Click the "Sign-In" image.
Find a Flight: Mercury					
fromPort	Select	"New York"			Select the "New York" item in the "fromPort" list.
toPort	Select	"San Francisco"			Select the "San Francisco" item in the "toPort" list.
toDay	Select	"28"			Select the "28" item in the "toDay" list.
servClass	Select	"Business"			Select radio button "Business" in the "servClass" radio button group.
findFlights	Click	70,12			Click the "findFlights" image.
Select a Flight: Mercury					
reserveFlights	Click	51,12			Click the "reserveFlights" image.
Book a Flight: Mercury					
passFirst0	Set	"l"			Enter "l" in the "passFirst0" edit box.
passLast0	Set	"gh"			Enter "gh" in the "passLast0" edit box.
creditnumber	Set	"8888-8888"			Enter "8888-8888" in the "creditnumber" edit box.
buyFlights	Click	82,17			Click the "buyFlights" image.
Flight Confirmation: Mercury					
home	Click				Click the "home" image.
Welcome: Mercury Tours_2	Sync				Wait for the Web page to synchronize before continuing the run.

图 7-32 QTP 测试脚本管理窗口

在 Keyword View 中的每一个字段都有其意义：

①Item：以阶层式的图标表示这个操作步骤所作用的组件（测试对象、工具对象、函数呼叫或脚本）。

②Operation：要在这个作用到的组件上执行动作，如单击、选择等。

③Value：执行动作的参数，例如当鼠标单击一张图片时是用左键还是右键。

④Assignment：使用到的变量。

⑤Comment：你在测试脚本中加入的批注。

⑥Documentation：自动产生用来描述此操作步骤的英文说明。

脚本中的每一个步骤在 Keyword View 中都会以一列来显示，其中用来表示此组件类别的图标以及步骤的详细数据。

我们针对一些常见的操作步骤做详细说明，见表 7-1。

表 7-1　　　　　　　　　一些常见的操作步骤的详细说明

步骤	说明
Action1	Action1 是一个动作的名称
Welcome: Mercury Tours	Welcome：Mercury 是被浏览器开启的网站的名称
Welcome: Mercury Tours	Welcome：Mercury Tours 是网页的名称
userName　Set　"jojo"	userName 是 edit box 的名称 Set 是在这个 edit box 上执行的动作 jojo 是被输入的值
password　SetSecure "446845bf84444adc2...	password 是 edit box 的名称 SetSecure 是在这个 edit box 上执行的动作，此动作有加密的功能 446845bf84444adc2…是被加密过的密码
Sign-In　Click　41,4	Sign-In 是图像对象的名称 Chick 是在这个图像上执行的动作 41,4 则是这个图像被单击的 X,Y 坐标

当运行录制好的测试脚本时，QuickTest 会打开被测试程序，执行你在测试中录制的每一个操作。测试运行结束后，QuickTest 显示本次运行的结果。接下来，我们执行在上一节中录制的 Flight 测试脚本。

①打开录制的 Flight 测试脚本。

②设置运行选项。单击"Tool"→"Options"打开设置选项对话框，选择"Run"标签页，如图 7-33 所示。

如果要将所有画面储存在测试结果中，在"Save step screen capture to results"选项中选择"Always"选项。一般情况下我们选择"On error"或"On error and warning"表示在回放测试过程中出现问题时，才保存图像信息。在这里我们为了更多地展示 QuickTest 的功能，选择使用"Always"选项。

• 在工具条上单击"Run"按钮，打开"Run"对话框，如图 7-34 所示。

询问要将本次的测试运行结果保存到何处。选择"New Run results folder"单选按钮，设定好存放路径（在这使用预设的测试结果名称）。

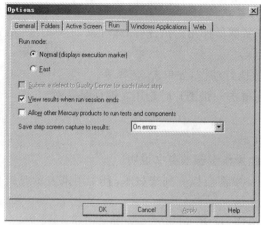

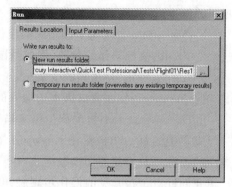

图 7-33 选项对话框   图 7-34 Run 对话框

• 单击"OK"按钮开始执行测试。

可以看到 QuickTest 按照在脚本中录制的操作,一步一步地运行测试,操作过程与手工操作时完全一样。同时在 QuickTest 的 Keyword View 中会出现一个黄色的箭头,指示目前正在执行的测试步骤。

在测试执行完成后,QuickTest 会自动显示测试结果窗口,如图 7-35 所示。

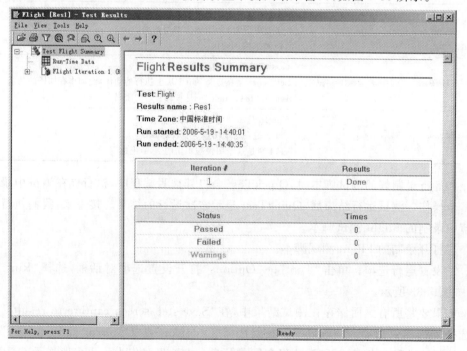

图 7-35 测试结果窗口

在这个测试结果窗口中分两个部分显示测试执行的结果。

左边显示 Test results tree,以阶层图标的方式显示测试脚本所执行的步骤。可以选择"+"检查每一个步骤,所有的执行步骤都会以图示的方式显示。可以设定 QuickTest 以不同的资料执行每个测试或某个动作,每执行一次反复称为一个迭代,每一次迭代都会被编号(在上面的例子中只执行了一次迭代)。

　右边则是显示测试结果的详细信息。在第一个表格中显示哪些迭代是已经通过的,哪些是失败的。第二个表格是显示测试脚本的检查点,哪些是通过的,哪些是失败的,以及有几个警告信息。

　在上面的测试中,所有的测试都是通过的,在脚本中也没有添加检查点(有关检查点的内容我们将在以后的课程中学习)。接下来我们查看 QuickTest 执行测试脚本的详细结果,以及选择某个测试步骤时出现的详细信息。

　在树视图中展开"Flight Iteration 1(Row 1)"→"Action1 Summary"→"Welcome Mercury Tours"→"Find a Flight:Mercury",选择""fromPort":Select "New York"",如图 7-36 所示。

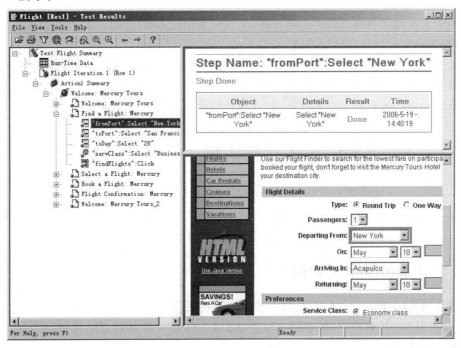

图 7-36　测试结果树视图

　在这个测试结果窗口中显示三个部分,分别是:

　左边是 Test results tree:展开树视图后,显示了测试执行过程中的每一个操作步骤。选择某一个测试步骤,会在右边区域显示相应的信息。

　右上方是 Test results detail:对应当前选中的测试步骤,显示被选取测试步骤执行时的详细信息。

　右下方是 Active Screen:对应当前选中的测试步骤,显示该操作执行时应用程序的屏幕截图。

　当选中 test results tree 上的网页图示,会在"Active Screen"中看到执行时的画面。当选中 test results tree 上的测试步骤(在某个对象上执行某个动作),除了显示当前的画面外,对象还会被粉色的框框住。在上面的例子中,在"Active Screen"中单击被框住的"Departing From"下拉菜单,会显示其他的选项。

7.3.6 关键字驱动测试方法

关键字驱动测试(Keyword-Driven Methodology)是一种将大量测试编程工作通过测试步骤的可视化建立的过程分离出去的测试编程方法。这种方法对于测试的开发速度和可维护性都有很好的作用。

关键字驱动测试方法将测试创建分为两个阶段：计划阶段和实现阶段。

(1)计划阶段

测试人员分析测试软件和业务需求，了解业务流程中使用到的对象和操作。开发人员之间充分交流，了解被测试控件的相关信息。

(2)实现阶段

测试人员构建被测试软件的对象库，确保所有对象都有清晰的命名，然后从业务层出发，开发各种测试功能和测试步骤。

关键字驱动的测试方法需要更多的时间和精力投入计划阶段，并且需要更长的初始化时间来构建对象库，但是相比直接进入测试创建、录制测试步骤的方法，这种方法让测试的创建和测试维护阶段更加高效，并且保持测试的可读性和易修改性。

7.4 性能自动化测试工具 LoadRunner 的应用

LoadRunner 是业界公认，被誉为"工业级"的权威性能测试工具，支持广泛的协议和平台。下面以 LoadRunner 9.0 版本为例进行讲解，主要围绕 LoadRunner 自带实例"HP Web Tours application"进行完整的性能测试过程介绍。

7.4.1 LoadRunner 功能

在使用 LoadRunner 之前，先要弄清几个重要概念。

①Scenario(场景)——场景是一种文件，用于根据性能要求定义在每一个测试会话运行期间发生的事件。

②Vuser(虚拟用户)——在场景中，LoadRunner 用虚拟用户或 Vuser 代替实际用户。Vuser 模拟实际用户的操作来使用应用程序。一个场景可以包含几十、几百甚至几千个 Vuser。

③Vuser Script(脚本)——用于描述 Vuser 在场景中执行的操作。

④Transaction(事务)——要度量服务器的性能，需要定义事务。事务表示要度量的最终用户业务流程。

负载测试通常由五个阶段组成：计划、脚本创建、场景定义、场景执行和结果分析。如图 7-37 所示。

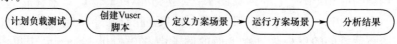

图 7-37　性能测试流程

LoadRunner 用如下三个主要功能模块来覆盖性能测试基本流程：

- Virtual User Generator
- Controller
- Analysis

其中 Virtual User Generator 用于创建 VU 脚本阶段，Controller 用于定义场景阶段和运行场景阶段，Analysis 用于分析阶段。

7.4.2　协议的选择

LoadRunner 脚本开发过程中的协议选择作为脚本开发的第一个步骤，相当重要，只有选择了合理的、正确的协议才能开发出好的测试脚本。在协议选择过程中需要注意选择与被测对象相应的脚本，比如 Web 系统一般选择 HTTP/HTML 协议，FTP 服务器一般选择 FTP 协议的脚本，另外在协议选择之前需要确认被测系统使用了什么协议，这里说到的协议指的是应用层的协议，一般有以下几种方法：

1. 可以直接确认

这种情况下你可以通过你的测试常识直接判读系统使用了什么样的协议，比如前面说的 Web 系统使用了 HTTP/HTML 协议，FTP 服务使用了 FTP 协议等。

2. 通过研发人员了解被测系统使用了什么样的协议

如果通过你的判断不能确定使用了什么样的协议时，你可以跟研发人员进行沟通，确认他在开发的过程中使用了什么样的协议。

3. 使用常用的数据监听工具进行数据包分析

有的时候可能你的研发人员也不能确定他在开发过程中使用了什么协议，这个确实是有可能的，特别是现在的研发人员喜欢用别人的插件，或者开发环境封装得很好，导致他们没有开发底层的协议栈，这个时候就需要你自己去判断，在自己判断的过程中，可以借助协议分析工具，常用的协议分析工具，如 sniffer Pro、ethreal 等；这些工具可以通过抓取数据然后对数据包进行分析的方法分析出现的常用的协议，功能还是相当强大的。

LoadRunner 支持的协议和应用非常广泛，例如，测试 B/S 系统选择 Web(HTTP/HTML)；测试一个 C/S 系统要根据所用到的后台数据库来选择不同的协议：

①后台数据库是 Sybase，则采用 sybaseCTLib 协议。

②后台数据库是 SQL Server，则使用 MS SQL Server 协议。

③后台数据库是 Oracle，就使用 Oracle 2-tier 协议。

④没有数据库的 C/S(FTP、SMTP)系统，可以选择 Windows Sockets 协议。

⑤其他的 ERP，EJB(需要 ejbdetector.jar)，选择相应的协议即可。

Loadrunner 录制脚本，对于常见的应用软件，一般可以根据软件的结构来选择协议：

- B/S 结构，选择 Web(HTTP/HTML)协议。
- C/S 结构，可以根据后端数据库的类型来选择，如 SybaseCTLib 协议用于测试后台的数据库为 Sybase 的应用；MS SQL Server 协议用于测试后台数据库为 SQL Server 的应用；对于一些没有数据库的 Windows 应用，可选用 Windows Sockets 底层协议。

总之，正确选择协议，就要熟悉被测试应用的技术架构。以下列出一些 LoadRounner

支持的协议：

一般应用：C Vuser、VB Vuser、VBScript Vuser、JAVA Vuser、JavaScript Vuser。

电子商务：Web(HTTP/HTML)、FTP、LDAP、Palm、Web/WinsocketDual Protocol。

客户端/服务器：MS SQL Server、ODBC、Oracle、DB2、Sybase CTLib、Sybase DBlib、Domain Name Resolution(DNS)、Windows Socket。

分布式组件：COM/DCOM、Corba-Java、Rmi_Java。

EJB：EJB、Rmi_Java。

ERP/CRP：Oracle NCA、SAP-Web、SAPGUI、SAPGUI/SAP-Web Dual Protocol、PropleSoft、Tuxedo、Siebel Web、Siebel-DB2 CLI、Sieble-MSSQL、Sieble Oracle。

遗留系统：Terminal Emulation(RTE)。

Mail 服务：Internet Messaging(IMAP)、MS Exchange(MAPI)、POP3、SMTP。

中间件：Jacada、Tuxedo 6、Tuxedo 7。

无线系统：i-mode、voiceXML、WAP。

应用部署软件：Citrix_ICA。

流：Media Plays(MMS)、Real。

7.4.3　脚本录制

使用 LoadRunner 录制脚本，请执行下列操作：

(1)在 Mercury Tours 网站上开始录制

在任务窗格中，单击步骤 1 中的"录制应用程序"，单击说明窗格底部的"开始录制"，如图 7-38 所示。

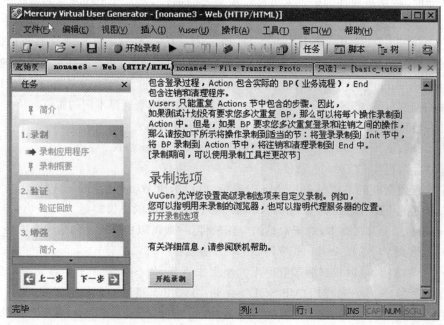

图 7-38　录制页面任务窗格

也可以选择"Vuser"→"开始录制"或单击页面顶部工具栏中的"开始录制"按钮,打开"开始录制"对话框,如图 7-39 所示。

图 7-39　设置录制参数

在"URL"地址框中,键入 http://localhost:1080/MercuryWebTours/。在"录制到操作"框中,选择"操作",单击"确定"按钮,如图 7-40 所示。

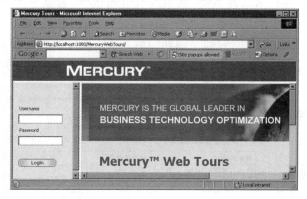

图 7-40　Mercury Tours 站点欢迎界面

将打开一个新的 Web 浏览器,并显示 Mercury Tours 站点。

注意:如果打开站点时出现错误,请确保 Web 服务器运行。要启动服务器,请选择"开始"→"程序"→"Mercury LoadRunner"→"示例"→"Web"→"启动 Web 服务器",将打开浮动录制工具栏,如图 7-41 所示。

图 7-41　录制界面工具栏

(2)登录到 Mercury Tours 网站

在"成员姓名"框中输入 jojo,在"密码"框中输入 bean,单击"登录",将打开欢迎页面。

(3)输入航班详细信息

单击"航班",将打开"查找航班"页:

* 出发城市:丹佛(默认设置)。
* 出发日期:保持默认设置不变(当前日期)。
* 到达城市:洛杉矶。
* 返回日期:保持默认设置不变(第二天的日期)。
* 座位首选项:过道。

保持其余的默认设置不变,然后单击"继续",将打开"搜索结果"页。

（4）选择航班

单击"继续"接受默认航班选择，将打开"付费详细信息"页。

（5）输入付费信息并预订航班

在"信用卡"框中输入 12345678，在"输出日期"框中键入 06/06，单击"继续"，打开"发票"页，并显示您的发票。

（6）查看路线

单击左窗格中的"路线"，将打开"路线"页。

（7）单击左窗格中的"注销"

（8）在浮动工具栏上单击"停止"停止录制过程

生成 Vuser 脚本时，"代码生成"弹出窗口将打开。然后，VuGen 向导将自动继续任务窗格中的下一步，并显示录制概要，如果没有看到概要，请单击任务窗格中的"录制概要"。录制概要包括协议信息和会话执行期间创建的操作列表。对于录制期间执行的每个步骤，VuGen 都生成一个快照（即录制期间窗口的图片），如图 7-42 所示。

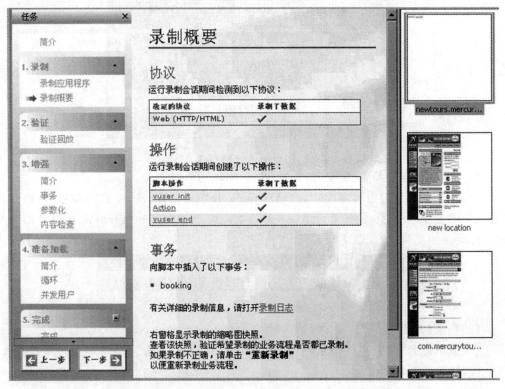

图 7-42　录制快照

这些录制的快照的缩略图显示在右窗格中。如果由于任何原因，要重新录制脚本，请单击页面底部的"再次录制"按钮。选择"文件"→"保存"，或单击"保存"按钮。在"文件名"框中键入 basic_tutorial，并单击"保存"。VuGen 将把该文件保存在 LoadRunner 脚本文件夹中，并在标题栏中显示该测试名称。

7.4.4　脚本查看

现在您已经录制了旅行代理(包括登录、预订航班和注销)。VuGen 录制了从单击
"开始录制"按钮到单击"停止"按钮所执行的步骤。

现在您可以查看 VuGen 内的脚本。您可以在树视图或脚本视图中查看脚本。树视
图是基于图标的视图,列出了作为步骤的 Vuser 操作;脚本视图是基于文本的视图,列出
了作为函数的 Vuser 操作。

1. 树视图

要在树视图中查看脚本,请选择"视图"→"树视图"或单击"树视图"按钮。要跨整个
窗查看树视图,请单击"任务"按钮删除任务窗格,如图 7-43 所示。

图 7-43　树视图

对于录制期间所执行的每一个步骤,VuGen 都在测试树中生成一个图标和一个标
题。在树视图中,将看到作为脚本步骤的用户操作。大多数步骤都附带相应的录制快照。

快照使脚本更易于理解,更易于在工程师之间共享,这是因为可以准确看到录制过程
中录制了哪些屏幕,可以随后比较快照以验证脚本的准确性。VuGen 还在回放期间创建
每一个步骤的快照。单击测试树中任一步骤旁边的加号(+),现在,可以看到预订航班时
所录制的思考时间。思考时间表示在各步骤之间所等待的实际时间,可以用于模拟负载
下的快速和缓慢用户行为。思考时间是一种机制,通过它可以使负载测试更准确地反映
实际用户的行为。

2. 脚本视图

脚本视图是一种基于文本的视图,列出了作为 API 函数的 Vuser 操作。要在脚本视
图中查看脚本,请选择"视图"→"脚本视图"或单击"脚本视图"按钮,如图 7-44 所示。

图 7-44　脚本视图

在脚本视图中,VuGen 将在编辑器中显示带有彩色编码的函数及其变量值的脚本。可以将 C 或 LoadRunner API 函数以及控制流语句直接键入此窗口中。

7.4.5 脚本参数化和添加事务

录制完成后,LoadRunner 会自动形成基本的测试脚本代码,但是这些测试脚本代码还不能马上用于测试,还需要对其进行参数化设置,让其可以更好地模拟现实用户使用情景。

1. 对思考时间的处理

录制过程中,通常产生很多停顿时间,LoadRunner 默认会如实地把停顿时间录制下来加到脚本中,例如:

lr_think_time(118);

这行脚本表示停顿 118 s 的时间,说明用户在操作之间"思考"了 118 s 的时间,测试人员可以根据实际情况以及效果对时间值进行处理。

2. 脚本参数化

以录制下来的脚本为例,进行变量参数化的过程。例如,对于录制下来的注册的信息填写过程脚本:

……

web_submit_form("Login. ashx",

"Snapshot=t3. inf",

ITEMDATA,

"Name=UserName", "Value=chongshi", ENDITEM,

"Name=Password", "Value=123456", ENDITEM,

"Name=VerifyCode", "Value=", ENDITEM,

"Name=auto", "Value=<OFF>", ENDITEM,

EXTRARES,

……

选中要参数化的内容。右击"Replace with a new parameter",打开选择对话框,如图 7-45 所示,单击"Properties",打开如图 7-46 所示对话框,进行替换设置。

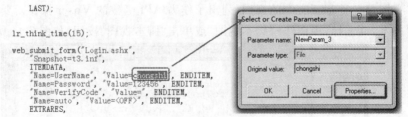

图 7-45　参数替换

参数化的方式有很多种,这里简述几种比较常见的方式。方式略有不同,但其结果都是将数据添加进来。

(1)编辑数据

单击 Create Table 会出现表格,在表格中,再次单击 Edit with Notepad,然后会打开一个记事本,我们可以对记事本进行添加数据的操作,如图 7-47 所示。

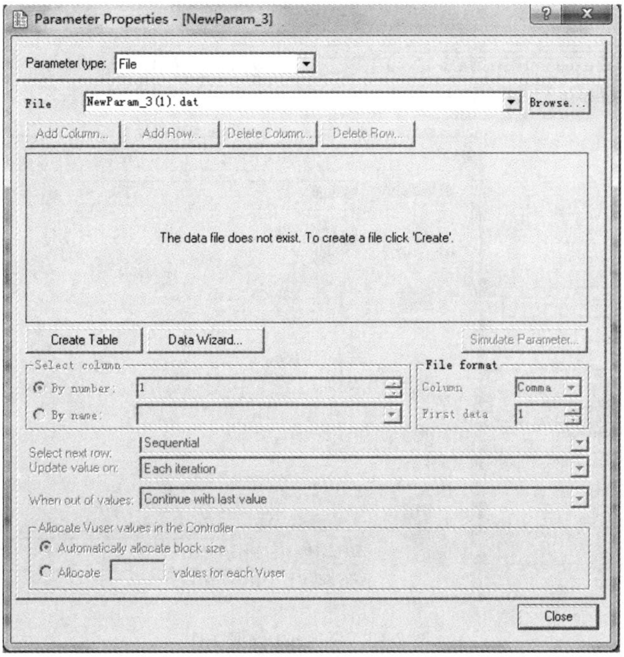

图 7-46　Parameter Properties(参数属性对话框)

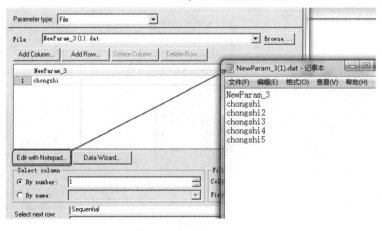

图 7-47　记事本添加数据

（2）添加数据文件

单击 File 输入框后面的"Browse.."按钮，找到本地的 txt 数据文件，进行添加就可以了，如图 7-48 所示。

（3）数据库添加数据

在很多情况下，添加的数据不是十条二十条，也不是一百两百，如果还通过上面的两种方式添加，将是一件非常纠结的事情，所以我们可以通过数据库将数据导入。你是否疑虑数据库的数据怎么处理，数据库的数据生成其实非常简单，可以写一段简单的代码生成，也可以通过数据库数据生成工具来完成。单击 Date Wizard 打开连接数据库向导，如图 7-49 所示。

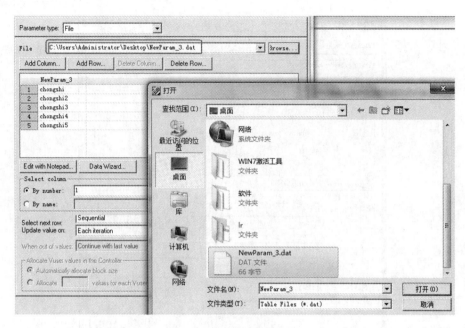

图 7-48　添加 dat 数据文件

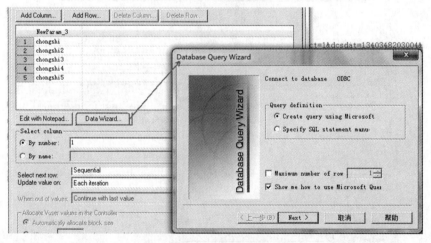

图 7-49　添加数据库文件

（4）其他类型设置

如果我们要参数化的不是一个文件，比如是特定的日期时间，可以从 Parameter type 列表中进行选择。

前面我们已经对用户名进行了参数化，或对密码进行了参数化，这样是不是脚本就能正常跑了，不好说。因为用户名和密码不是一一对应关系，每次运行脚本时取的用户名和密码没有对应上的话肯定就会出问题。

假设我们已经对用户名进行了参数化，参数名为【username】，下面设置密码参数化与用户名关联，如图 7-50 所示。

单击"Properties..."会打开编辑用户名参数化窗口。File 列表框中，保存用户名信息的文件"username.dat"，如图 7-51 所示。

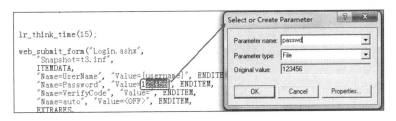

图 7-50　参数替换

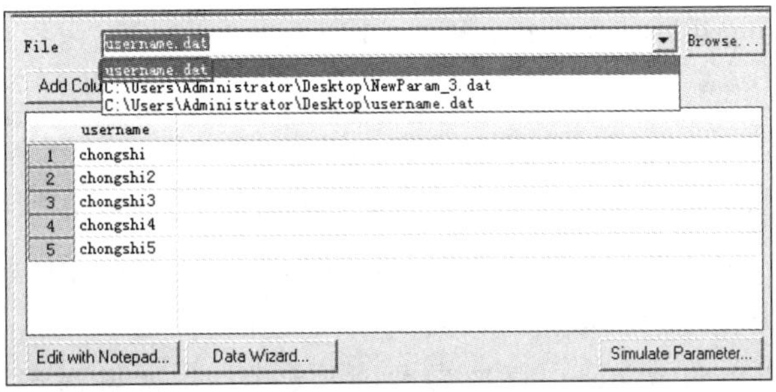

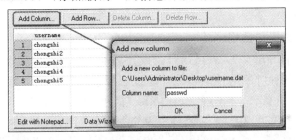

图 7-51　属性设置

单击"Add Column..."，添加新的一列信息，用于放置密码，如图 7-52 所示。

图 7-52　参数对应设置

单击"Edit with Notepad"再次编辑参数化数据文件，使用户名和密码建立一一对应关系，如图 7-53 所示。

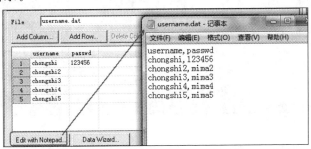

图 7-53　添加数据

完成之后，我们已经成功地对用户名和密码进行了参数化，并且让用户名和密码形成了对应关系。

脚本设置完参数化，脚本运行的每一遍所取的参数化的值都不一样，那么这个值是按照什么情况来取的呢？会有很多种方式 Select next row【选择下一行】，如图 7-54 所示。

图 7-54　参数运行顺序设置

- 顺序(Sequential)：按照参数化的数据顺序，一个一个地来取。
- 随机(Random)：参数化中的数据，每次随机从中抽取数据。
- 唯一(Unique)：为每个虚拟用户分配一条唯一的数据。

Update value on【更新时的值】，如图 7-55 所示。

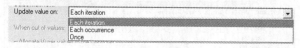

图 7-55　参数迭代方法

每次迭代(Each iteration)：每次迭代时取新的值，假如 50 个用户都取第一条数据，称为一次迭代；之后 50 个用户都取第二条数据，后面以此类推。

每次出现(Each occurrence)：每次参数时取新的值，这里强调前后两次取值不能相同。

只取一次(once)：参数化中的数据，一条数据只能被抽取一次(如果数据轮次完，脚本还在运行将会报错)。

3. 性能参数的选择和监视

在完成测试脚本的开发后，就可以开始设计场景来调用测试脚本，添加需要监控的客户端或服务器端的各种对象的性能参数。通过选择场景创建的类型，制定虚拟用户的数量，制定压力产生的机器名，会出现"Controller"模块，如图 7-56 所示。

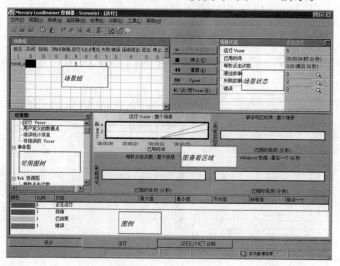

图 7-56　场景设计界面

在这个场景设计界面，可以制定脚本运行的模式，一般需要根据用户的实际业务场景来模拟。设定场景运行时间后，可以在左边的"Available Graphs"中挑选测试关心的性能参数。

7.4.6　分析场景

1. Analysis 会话如何工作

Analysis 会话的目的是查找系统的性能故障,然后确定这些故障的根源。

①是否满足了测试的预期目标? 在负载下,用户终端的事务响应时间是多少? 这些事务的平均事务响应时间是多少?

②系统的哪些部分导致性能下降? 该网络和服务器的响应时间是多少?

③通过将事务时间和后端监控器矩阵关联起来,您是否能找到可能的原因?

2. 如何启动 Analysis 会话

①打开 Mercury LoadRunner。

选择"开始"→"程序"→"Mercury LoadRunner"→"LoadRunner",将打开"Mercury LoadRunner Launcher"窗口。

②打开 LoadRunner Analysis。

在"负载测试"选项卡中,单击"分析负载测试",将打开 LoadRunner Analysis。

③打开 Analysis 会话文件。

为了得到更有趣的结果,我们运行了一个测试场景,它与您在前面课程中所运行的场景类似。但是这次,测试集成了 70 个 Vuser 而不是 10 个 Vuser。现在您可以打开由该场景结果创建的 Analysis 会话。

在 Analysis 窗口中,依次选择"文件"→"打开",将打开"打开现有分析会话文件"对话框。

在<LoadRunner 安装目录>\Tutorial 文件夹中,选择 analysis_session,并单击"打开",如图 7-57 所示。

图 7-57　场景选择

Analysis 将在 Analysis 窗口中打开该会话文件。

3. Analysis 窗口概述

Analysis 窗口包括下列三个主要部分,如图 7-58 所示。

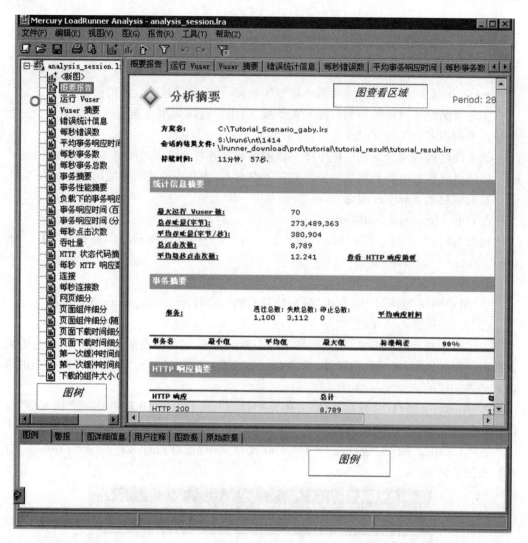

图 7-58 Analysis 窗口

- 图树
- 图查看区域
- 图例

图树:在左窗格中,Analysis 将显示可以打开查看的图。您可以在此处显示打开 Analysis 时未显示的新图,或删除您不再想查看的图。

图查看区域:Analysis 在此右窗格中显示图。默认情况下,当打开一个会话时, Analysis 概要报告将显示在此区域。

图例:位于底部窗格中,使您可以查看选定图中的数据,如图 7-59 所示。

请在图查看区域查看 Analysis 概要报告。在报告的统计信息概要中,您可以看到在该测试中运行了多达 70 多个 Vuser。这里还记录了其他统计信息(例如总/平均吞吐量、总/平均单击次数)供您参考。

分析摘要　　　　　　　　　　　　　　　　　　　　Period: 28-06-2

方案名：　　　　C:\Tutorial_Scenario_gaby.lrs
会话的结果文件：　S:\lrun6\nt1414\lrunner_download\prd\tutorial\tutorial_result\tutorial_result.lrr
持续时间：　　　11分钟，57秒.

统计信息摘要

最大运行 Vuser 数：	70
总存吐量(字节)：	273,489,363
平均存吐量(字节/秒)：	380,904
总点击次数：	8,789
平均每秒点击次数：	12.241　　**查看 HTTP 响应摘要**

图 7-59　分析摘要窗口

4. 是否已达到目标

但是，为实现 Analysis 会话，此报告中最重要和最有趣的部分是事务概要，如图 7-60 所示。

事务摘要

事务：　　　　　　　　　　通过总数：30 失败总数：0 停止总数：0　　**平均响应时间**

事务名	最小值	平均值	最大值	标准偏差	90%	通过	失败	停止
Action Transaction	78.016	139.18	252.471	28.215	170.865	144	3,081	0
book_flight	5.375	11.399	17.541	3.015	15.407	175	0	0
check_itinerary	3.295	32.826	119.258	26.407	65.744	147	28	0
logoff	0.406	1.005	12.909	1.146	1.664	144	3	0
logon	0.444	3.934	9.864	2.161	6.769	175	0	0

图 7-60　事务概要窗口

事务概要列出了有关每个事务行为的概要。

请看每个事务的响应时间。"90%"列显示 90% 的特定事务(已执行)的响应时间。您可以看到在测试运行期间 90% 的 check_itinerary 事务(经过执行)的响应时间是 65.744 s。该数值是事务平均响应时间(32.826)的两倍,说明对发生的大多数此种事务都需要较高的响应时间。我们还会看到该事务失败了 28 次。

(1)打开平均事务响应时间图

在"事务名"列中,单击"check_itinerary"事务。

图查看区域中将显示"平均事务响应时间"图。该图以及图下方的图例中将突出显示 check_itinerary 事务,如图 7-61 所示。

图中的点表示场景运行期间特定时间的事务平均响应时间。将光标停留在图中的点上,将出现一个黄色的框,并显示该点的坐标,如图 7-62 所示。

(2)分析结果

注意,check_itinerary 事务的平均响应时间显著波动,在场景运行了 2:56(分钟:秒)时达到峰值 75.067 s。

在性能稳定的服务器上,事务的平均响应时间多少会比较平稳。注意,在图的底部,登录、注销、book_flight 和 search_flight 事务的平均响应时间多少都比较平稳。

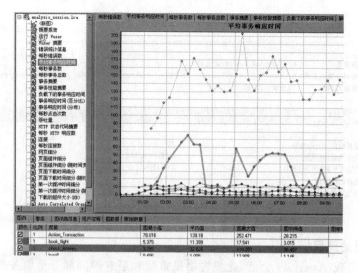

图 7-61 check_itinerary 事务

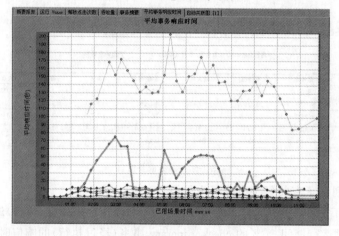

图 7-62 平均事务响应时间图

5.服务器的性能是否稳定

在前面的部分中,您已看到服务器性能的不稳定性。现在您将分析 70 个运行的 Vuser 对系统性能产生的影响。

①研究 Vuser 的行为。

在图树中单击"正在运行的 Vuser",如图 7-63 所示。

将在图查看区域中打开正在运行的 Vuser 图。您可以看到在场景运行的开始,正在运行的 Vuser 处于逐渐加压状态。70 个 Vuser 同时运行了 3 分钟,之后开始逐渐减压。

②筛选该图,以便使您只看到所有 Vuser 同时运行的时间片。

筛选图之后,图数据将缩减以仅显示符合指定条件的数据。所有其他的数据将隐藏。

在"筛选条件"区域中,选择"场景已用时间"行的"值"列。单击向下箭头并选择时间范围为从 1:30(分钟:秒)至 3:45(分钟:秒),单击"确定"按钮。

在"图设置"对话框中,单击"确定",如图 7-64 所示。

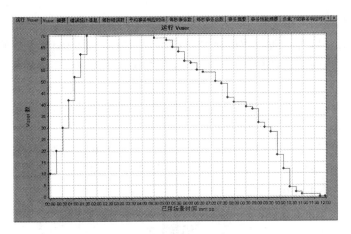

图 7-63 运行 Vuser 状态图

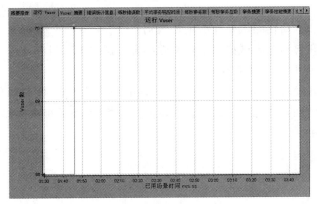

图 7-64 筛选后运行 Vuser 时间片图

现在,正在运行的 Vuser 图仅显示场景运行中 1:30(分钟:秒)和 3:45(分钟:秒)之间运行的 Vuser,其他所有的 Vuser 已被筛选出去。

③将正在运行的 Vuser 图和平均事务响应时间图相关联以比较其数据。

现在,正在运行的 Vuser 图和平均事务响应时间图在图查看区域中表示为一个图,即正在运行的 Vuser 平均事务响应时间图,如图 7-65 所示。

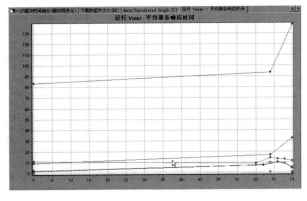

图 7-65 已在运行的 Vuser 平均事务响应时间图

④分析关联后的图。

在该图中您可以看到随着 Vuser 数量的增加，check_itinerary 事务的平均响应时间也在逐渐增加。换句话说，随着负载的增加，平均响应时间也在逐渐地增加。

运行 64 个 Vuser 时，平均响应时间会突然急速增加。我们称之为测试弄崩了服务器。同时运行的 Vuser 超过 64 个时，响应时间会开始明显变长。

6. 保存模板

目前您已经筛选了一个图并关联了两个图。下一次分析场景时，您可能需要使用相同的筛选器和合并条件来查看相同的图。您可以将合并和筛选器设置保存为模板，并在其他 Analysis 会话中使用。

习题 7

1. 手工测试和自动化测试有什么主要区别？

2. 手工测试和自动化测试如何进行有效结合？试举出适当的例子。

3. 选择测试工具时，应注意哪些方面？

4. 针对自己开发的 Web 系统，运行 LoadRunner 完成 Web 服务器和数据库服务器的性能测试，提交完整的性能测试报告，包括性能测试指标、负载模式测试场景、脚本以及测试过程和结果分析。

参 考 文 献

[1] 郑人杰,殷人昆,陶永雷.实用软件工程[M].2 版.北京:清华大学出版社,2004.

[2] (美)Paul Ammann Jeff Offutt.软件测试基础[M].郁莲,等译.北京:机械工业出版社,2011.

[3] (美)Ron Patton.软件测试[M].张小松,王钰,曹跃,等译.北京:机械工业出版社,2011.

[4] 顾海花,雷雁,史海峰,等.软件测试技术基础教程[M].北京:电子工业出版社,2013.

[5] 徐光侠,韦庆杰.软件测试技术教程[M].北京:人民邮电出版社,2011.

[6] (美)Paul C. Jorgensen.软件测试[M].3 版.李海峰,马琳译.北京人民邮电出版社,2011.

[7] (美)James A. Whittakar.实用软件测试指南[M].马良荔,俞立军,译.北京;电子工业出版社,2003.

[8] 周元哲,胡滨,潘晓英,等.软件测试基础[M].西安:西安电子科技大学出版社,2011.

[9] 杜文洁.景秀丽.软件测试教程[M].北京:清华大学出版社,2013.

[10] 陈承欢.软件测试任务驱动式教程[M].北京:人民邮电出版社,2014.

[11] 朱少民.软件测试方法和技术[M].北京:清华大学出版社,2014.

[12] 郑东霞.软件测试技术[M].东软电子出版社,2012.

[13] 陈涵生,郑明华.基于的面向对象建模技术[M].北京:科学出版社,2006.

[14] http://blog. csdn. net/stefan520/article/details/21950523.

[15] http://wenku. baidu. com/view/255f7c6db84ae45c3b358c4e. html? re＝view&pn＝51.

[16] http://blog. csdn. net/hualusiyu/article/details/7815369.

[17] 陈能技,黄志国.软件测试技术大全:测试基础流行工具项目实战[M].北京:人民邮电出版社,2015.

[18] 朱少民.软件测试方法与技术[M].3 版.北京:清华大学出版社,2014.

[19] LoadRunner 使用手册.

[20] QuickTest Professional 使用手册.

附 录

附录A 软件测试计划

说明：

(1)本测试计划描述对被测系统软件的测试计划安排，内容包括测试需要的环境、测试工作标识及测试工作时间安排等。

(2)通常每个项目只有一个测试计划，使得客户能够对本测试的充分性进行评估。

目录

1.引言

1.1　标识

包括本文档适用的系统和软件的完整标识,版本号、发行号以及更新历史信息等。

1.2　系统概述

简述本系统软件的用途。主要描述本系统软件的一般信息,系统开发、运行和维护的历史,标识项目的投资方、需方、用户、开发方和支持机构,标识当前和计划的运行现场,并列出其他相关文档。

1.3　文档概述

描述本文档的内容与用途,以及本文档的保密性要求。

1.4　与其他计划的关系

如果有与本文档相关的项目管理计划等其他与项目有关的计划可逐一列出。

1.5　基线

列出本测试计划的输入基线,如软件需求规格说明文档。

2.引用文件

列出本计划文档所引用的所有文档的编号、标题、修订版本和日期信息。

3.软件测试环境

主要描述被测系统预计进行的每个测试现场的测试环境,可以引用软件开发计划中的资源及信息。

3.X　测试现场名称

3.X.1　软件项

按照在本测试现场执行的测试所需的软件项逐一标识其名字、编号和版本号。每个软件的用途、由谁提供以及其保密性问题。

3.X.2　硬件及固件项

按照在本测试现场执行的测试所需的计算机硬件项和固件项逐一标识其名字、编号和版本号,每个硬件使用的时间、数量和用途,由谁提供以及其保密性问题。

3.X.3 其他材料

按照本测试现场执行测试所需的任何其他材料进行标识和描述。包括手册、软件清单、被测软件的媒体、使用的数据媒体、输出的清单以及其他表格信息及其保密性问题。

3.X.4 所有权种类、需方权利与许可证

标识与软件测试环境中每个元素有关的所有权种类、需方权利与许可证的信息。

3.X.5 安装、测试与控制

标识开发方执行以下各项工作的计划，可能需要与测试现场人员共同合作。

（1）获取和开发软件测试环境中的每个元素。

（2）使用前，安装与测试软件测试环境中的每项。

（3）控制与维护软件测试环境中的每项。

3.X.6 参与组织

标识参与现场测试的组织和他们的角色和职责。

3.X.7 人员

标识本测试现场需要的人员信息，包括数量、类型和技术水平，需要的时长以及有无特殊需求等。

3.X.8 定向计划

描述测试前与测试期间给出的任何培训，与 3.X.7 的人员有关，培训包括用户指导、操作员指导、控制与维护指导等。

4.计划

标识和描述本计划中适用的每个测试的范围。

4.1 总体设计

描述测试的策略和原则，包括测试的类型和测试方法等信息。

4.1.1 测试级别

描述测试进行的级别（如系统测试、性能测试等）。

4.1.2 测试类型

描述要执行的测试的类型或类别（如定时测试、错误输入测试、最大容量测试）。

4.1.3 一般测试条件

描述应用于所有测试或一组测试的条件。

4.1.4 测试过程

在逐项测试或累积测试情况下，解释计划的测试顺序或过程。

4.1.5 测试记录、归约和分析

标识和描述在测试期间和测试结束后产生的测试记录、结果该如何归纳和分析，记录、归纳和分析使用的技术（如手工、半手工或自动）。

4.2 计划执行的测试

4.2.X 被测试项

4.2.X.y 被测唯一标识符

（1）测试对象。

（2）测试级别。

（3）测试类型或类别。

（4）需求规格说明中规定的合格性方法。

（5）本测试涉及的需求规格标识。

（6）特殊需求。

（7）测试方法，包括用到的具体测试技术、规定分析测试结果的方法。

（8）要记录数据的类型。

（9）要采用的数据记录/规约/分析的类型。

（10）假设与约束。

（11）与测试有关的安全性、保密性与私密性要求。

4.3　测试用例

（1）测试用例的名称和标识。

（2）简要说明本测试用例涉及的测试项和特性。

（3）输入说明，规定执行本测试用例所需要的各个输入，规定所有合适的数据库、文件、终端信息、内存常驻区域和由系统传送的值，规定各输入之间所需的所有关系（如时序关系等）。

（4）输出说明，规定测试项的所有输出和特性（如响应时间），提供各个输出特征的准确性。

（5）环境要求等。

5.测试进度表

（1）描述测试被安排的现场和指导测试的时间框架的列表或图表。

（2）每个测试现场的进度表，按时间顺序描述以下活动与事件。

（a）分配给测试主要部分的时间和现场测试的时间。

（b）现场测试线，用于建立软件测试环境和其他设备、进行系统调试、定向培训和熟悉工作所需的时间。

（c）测试所需的数据库/数据文件值、输入值和其他操作数据的集合。

（d）实施测试，包括计划的重测试。

（e）软件测试报告的准备、评审和批准。

6.需求的可追踪性

本部分内容包括本测试计划所标识的每个测试所涉及的需求、软件规格说明、相关接口需求规格说明以及使用于系统/子系统规格说明的需求。

7.评价

7.1　评价准则

7.2　数据处理

7.3　结论

8.注解

本部分包括有助于理解本文档的一般信息（如背景信息、词汇表、原理）、术语和相关定义等信息。

9.附录

附录用来提供那些为便于文档维护而单独出版的信息(如图表、分析数据等)。为便于处理,附录可以单独装订成册。

附录 B   软件测试报告

说明:

(1)软件测试报告是对被测软件配置项、软件系统以及相关项目进行测试的记录。

(2)通过软件测试报告,需求方能够评估所执行的测试及其测试结果。

目录

1.引言

1.1　标识

包括本文档适用的系统和软件的完整标识、版本号、发行号以及相关信息等。

1.2　系统概述

简述本系统软件的用途。主要描述本系统软件的一般信息,系统开发、运行和维护的历史,标识项目的投资方、需方、用户、开发方和支持机构,标识当前和计划的运行现场,并列出其他相关文档。

1.3　文档概述

包括本文档的用途与内容,并描述与其使用有关的保密性要求。

2.引用文件

列出本计划文档所引用的所有文档的编号、标题、修订版本和日期信息。

3.测试结果概述

主要描述被测系统各项结果的描述。

3.1　对被测软件的总体评估

(1)根据本报告中所展示的测试结果、提纲,对该被测软件的总体评估。

(2)标识出在测试过程中检测到的任何遗留的缺陷、限制或约束。可用问题/变更报告提供缺陷信息。

(3)对每个遗留缺陷、限制或约束,应给出如下描述:

(a)对软件和系统带来的影响,也包括未得到满足的需求的标识。

(b)为解决此缺陷,将会对软件和系统设计带来的影响。

(c)推荐的更正方案/方法。

3.2　测试环境的影响

给出测试环境与实际操作环境之间的差异评估,并分析这种差异对测试结果的影响。

3.3　改进建议

给出对被测软件的设计、操作方面的改进建议,及改进建议对软件和系统设计的影响,如果没有改进建议,则陈述为"无"。

4.详细的测试结果

按照测试计划的每个测试现场中的测试标识提供详细的测试结果。

4.X　测试项目唯一标识

4.X.1　测试结果

根据实际的测试结果,以图表等多种形式给出与测试相关的每个测试用例的完成状态,并提供详细的信息。

4.X.2　测试出现的问题

逐条标识出在测试过程中出现的问题并提供以下内容:

(1)出现问题的简述。

(2)标识出在测试过程中的具体步骤。

(3)对相关问题/变更报告和备份数据的引用。

(4)试图改正此问题所重复的过程和具体的步骤,以及每次得到的结果。

(5)重测时,是如何进行的。

4.X.3　与测试用例/过程的偏差

逐条标识出与测试用例出现的偏差信息,并提供以下内容:

(1)偏差的具体表现。

(2)出现偏差的原因。

(3)本偏差对测试用例有效性的影响。

5.测试记录

尽可能以图表或附录的形式给出一个详尽的按时间排序的测试内容记录。记录应包含以下内容:

(1)执行测试的日期、时间和地点。

(2)用于每个测试的软硬件配置(详细信息)以及使用软件的版本号和名称。

(3)与测试有关的执行时间、执行人员及其身份权限。

6.评价

6.1　能力

6.2　缺陷和限制

6.3　建议

6.4　结论

7.测试活动总结

总结主要的测试活动和事件,总结资源的消耗情况。

7.1　人力消耗

7.2　物质资源消耗

8.注解

本部分包括有助于理解本文档的一般信息(如背景信息、词汇表、原理)、术语和相关定义等信息。

9.附录

附录用来提供那些为便于文档维护而单独出版的信息(如图表、分析数据等)。为便于处理,附录可以单独装订成册。